机械职业教育教学指导委员会推荐教材
工业机器人技能培养系列精品教材　　主审　熊清平　黄楼林

工业机器人技术

主　编　郝巧梅　刘怀兰
副主编　任艳茹　刘小斐　郝慧芬　李　强
参　编　贺长春　王　伟　刘艳辉　由国艳
　　　　王　慧　赵美丽　朱福栋　高海兵

电子工业出版社

Publishing House of Electronics Industry

北京·BEIJING

内 容 简 介

本书根据教育部最新的高等职业教育教学改革要求以及工业机器人产业岗位技能需要，由企业技术人员和职业院校骨干教师共同编写。本书以认识工业机器人和对机器人进行简单示教编程、维护维修为目标，通过大量的图片和实例，对工业机器人的基本概况、机械结构、传感器应用、控制系统原理、示教编程方法、工作站和生产线，以及工业机器人的管理与维护等方面进行较全面的讲解。本书内容全面新颖、易教易学，注重学生实践能力的培养。通过学习，读者可对工业机器人有总体认识和全面了解。

本书为高等职业本专科院校相应课程的教材，也可作为开放大学、成人教育、自学考试、中职学校和培训班的教材，以及企业工程技术人员、机器人爱好者的参考书。

本书配有免费的电子教学课件、习题参考答案等，详见前言。

图书在版编目（CIP）数据

工业机器人技术/郝巧梅，刘怀兰主编. —北京：电子工业出版社，2016.2（2022.6 重印）

全国工业机器人技能培养系列精品教材

ISBN 978-7-121-28190-7

Ⅰ. ①工…　Ⅱ. ①郝… ②刘…　Ⅲ. ①工业机器人－高等学校－教材　Ⅳ. ①TP242.2

中国版本图书馆 CIP 数据核字（2016）第 033142 号

策划编辑：陈健德（E-mail：chenjd@phei.com.cn）
责任编辑：桑　昀
印　　刷：河北鑫兆源印刷有限公司
装　　订：河北鑫兆源印刷有限公司
出版发行：电子工业出版社
　　　　　北京市海淀区万寿路 173 信箱　邮编　100036
开　　本：787×1 092　1/16　印张：9.25　字数：242.7 千字
版　　次：2016 年 2 月第 1 版
印　　次：2022 年 6 月第 13 次印刷
定　　价：36.00 元

凡所购买电子工业出版社图书有缺损问题，请向购买书店调换。若书店售缺，请与本社发行部联系，联系及邮购电话：（010）88254888，88258888。

质量投诉请发邮件至 zlts@phei.com.cn，盗版侵权举报请发邮件至 dbqq@phei.com.cn。

本书咨询联系方式：chenjd@phei.com.cn。

编审委员会 （排名不分先后）

主　　任：熊清平　郑丽梅　刘怀兰

副 主 任：杨海滨　唐小琦　李望云　郝　俊　吴树会　滕少峰

　　　　　廖　健　李　庆　胡成龙　邢美峰　郝巧梅　阮仁全

　　　　　隋秀梅　刘　江　魏　杰　黄楼林　杨建中　叶伯生

　　　　　周　理　孙海亮　肖　明　杨宝军　黄彤军

秘 书 长：刘怀兰

编写委员会 （排名不分先后）

总　　编：陈晓明

副 总 编：杨海滨　胡成龙　邢美峰　郝巧梅　刘怀兰　叶伯生

　　　　　杨建中　尹　玲　孙海亮　毛诗柱　周　理　宁　柯

　　　　　黄彤军

委　　员：胡成龙　邢美峰　王慧东　王春暖　卢彦林　李伟娟

　　　　　李　强　任艳茹　刘小斐　郝慧芬　尹　玲　龚东军

　　　　　陈　帆　骆　峰　郭建文　王磊杰　杨建中　田茂胜

　　　　　夏　亮　杨　林　高　萌　黄学彬　蔡　邈　高　杰

　　　　　高　嵩　石义准　杨方燕　刘　玲　毛诗柱　金　磊

　　　　　阎辰皓　邹　浩

技术指导委员会（排名不分先后）

主 任 单 位： 机械职业教育教学指导委员会

副主任单位： 武汉华中数控股份有限公司　　重庆华数机器人有限公司

佛山华数机器人有限公司　　深圳华数机器人有限公司

武汉高德信息产业有限公司　　华中科技大学

武汉软件工程职业技术学院　　包头职业技术学院

鄂尔多斯职业学院　　重庆工业技师学院

重庆市机械高级技工学校　　辽宁建筑职业学院

长春机械工业学校　　内蒙古机电职业技术学院

秘书长单位： 武汉高德信息产业有限公司

委 员 单 位： 东莞理工学院　　许昌技术经济职业学校

重庆工贸技师学院　　武汉第二轻工业学校

长春职业技术学院　　四川仪表工业学校

河南森茂机械有限公司　　武汉华大新型电机有限公司

赤峰工业职业技术学院　　石家庄市职业教育技术中心

广东轻工职业技术学院

序 言

当前，以机器人为代表的智能制造，正逐渐成为全球新一轮生产技术革命浪潮中最澎湃的浪花，推动着各国经济发展的进程。随着工业互联网、云计算、大数据、物联网等新一代信息技术的快速发展，社会智能化的发展趋势日益显现，机器人的服务也从工业制造领域，逐渐拓展到教育娱乐、医疗康复、安防救灾等诸多领域。机器人已成为智能社会不可或缺的人类助手。就国际形势来看，美国"再工业化"战略、德国"工业4.0"战略、欧洲"火花计划"、日本"机器人新战略"等，均将"机器人产业"作为发展重点，试图通过数字化、网络化、智能化夺回制造业优势。就国内发展而言，经济下行压力增强、环境约束日益趋紧、人口红利逐渐摊薄，迫切需要转型升级，形成增长新引擎，适应经济新常态。目前，中国政府提出的"中国制造2025"战略规划，其中以机器人为代表的智能制造是难点也是挑战，是思路更是出路。

近年来，随着劳动力成本的上升和工厂自动化程度的提高，中国工业机器人市场正步入快速发展阶段。据统计，2015上半年我国机器人销量达到5.6万台，增幅超过了50%，中国已经成为全球最大的工业机器人市场。国际机器人联合会的统计显示，2014年在全球工业机器人大军中，中国工厂的机器人使用数量约占四分之一。而预计到2017年，中国工业机器人数量将居全球之首。然而，机器人技术人才急缺，"数十万高薪难聘机器人技术人才"已经成为社会热点问题。因此"机器人产业发展，人才培养必须先行"。

目前，我国有少数职业院校已开设机器人相关专业，但缺乏相应的师资和配套教材，也缺少工业机器人实训设施。凭借这样的条件，很难培养出合格的机器人技术人才，也将严重制约机器人产业的发展。

综上，要实现我国机器人产业发展目标，在职业院校广泛开展工业机器人技术人才及骨干师资培养示范建设，为机器人产业的发展提供人力资源支撑，非常必要和紧迫。而面对机器人产业强劲的发展势头，不论是从事工业机器人系统的操作、编程、运行与管理等高技能应用型人才，还是从事一线教学的广大教育工作者都迫切需要实用性强、通俗易懂的机器人专业教材，编写和出版职业院校的机器人专业教材迫在眉睫、意义重大。

在这样的背景下，华中数控股份公司与华中科技大学国家数控系统工程技术研究中心、武汉高德信息产业有限公司、电子工业出版社、华中科技大学出版社、武汉软件工程职院、包头职业技术学院、鄂尔多斯职业技术学院等单位，产、学、研、用相结合，组建"工业机器人产教联盟"，组织企业调研及其研讨会，编写了系列教材。

本套教材具有以下鲜明的特点：

1. 前瞻性强。作为一个服务于经济社会发展的新专业，本套教材含有工业机器人高职人才培养方案、高职工业机器人专业建设标准、课程建设标准、工业机器人拆装与调试等内容，覆盖面广，前瞻性强，是针对机器人专业职业教学的一次有效、有益的大胆尝试。

2. 系统性强。本系列教材基于工业机器人、电气自动化、机电一体化等专业课程；

针对数控实习进行改革创新，引入工业机器人实训项目；根据企业应用需求，编写相关教材、组织师资培训，构建工业机器人教学信息化平台等。为课程体系建设提供了必要的系统性支撑。

3.实用性强。本系列教材涉及课程内容有：机器人操作、机器人编程、机器人维护维修、机器人离线编程、机器人应用等。本系列教材凸显理实一体化教学理念，把导、学、教、做、评等各环节有机地结合在一起，以"弱化理论、强化实操，实用、够用"为目的，加强对学生实操能力的培养，让学生在"做中学，学中做"，贴合当前职业教育改革与发展的精神和要求。

本系列教材在行业企业专家、技术带头人和一线科研人员的带领下，经过反复研讨、修订和论证，完成了编写工作。企业人员有着丰富的机器人应用、教学和实践经验。在这里也希望同行专家和读者对本系列教材的不足之处予以批评指正，不吝赐教。我坚信，在众多有识之士的努力下，本系列教材将促进机器人行业的教育与应用水平，在新时代为国家经济发展做出应有贡献。

"长江学者奖励计划"特聘教授
华中科技大学常务副校长
华中科技大学教授、博导

前　言

工业机器人是集机械、电子、控制、计算机、传感器、人工智能等多学科先进技术于一体的现代制造业重要的自动化装备。自 1954 年由美国研制出世界上第 1 台可编程的机器人以来，各工业发达国家都相继研制和应用工业机器人，机器人技术及其产品得到飞速发展，已成为柔性制造系统(FMS)、自动化工厂(FA)、计算机集成制造系统(CIMS)的重要工具。在当今大规模制造业中，企业为保障人身安全、提高生产效率和产品质量，普遍重视生产过程的自动化程度。工业机器人作为自动化生产线上的重要成员，逐渐被企业所认同并采用。

与计算机、网络技术一样，工业机器人的广泛应用正在日益改变着人类的生产和生活方式。工业机器人的技术水平和应用程度已成为评价一个国家自动化程度高低的重要标志之一。目前，工业机器人主要承担焊接、喷涂、搬运以及码垛等重复且劳动强度极大的工作，工作方式一般采取示教再现方式及部分离线编程方式。

本书以高等职业院校培养应用型高技能人才的目标为宗旨，选取知识点以"必需、够用"为度，叙述上力求图文并茂、通俗易懂、简明扼要。本书参照最新行业标准，参考有关工业机器人的最新资料和信息，合理设置内容，并结合职业院校的特点和培养方向编撰而成。通过学习，读者可了解工业机器人的基本概况，掌握工业机器人的机械结构、传感器应用、控制系统原理，学会如何进行示教编程和设备的管理与维护，使读者具备工业机器人的操作、管理和维护能力。

本书内容共分为 7 章，通过详细的图解和示例，主要介绍工业机器人的机械结构、控制系统、示教编程、维护保养等方面的知识与技能，建议教学时数为 48 学时。具体内容如下：

（1）工业机器人的发展、现状、分类及应用领域等。

（2）工业机器人机械结构的自由度、工作空间等，并以关节工业机器人为例，介绍工业机器人各部位的结构功能。

（3）工业机器人传感器的分类及其应用。

（4）工业机器人的控制系统与伺服驱动系统。

（5）工业机器人示教编程的分类和特点，示教再现的内容，示教编程语言及常见指令，示教再现方法及步骤。

（6）工业机器人弧焊工作站的工作任务、组成及工作过程，以及常见生产线。

（7）工业机器人系统安全、工作环境及机器人主机、控制柜主要部件的管理，机器人主体、控制装置、示教器及外围辅助设备的维护保养等。

本书由鄂尔多斯职业学院郝巧梅副教授、华中科技大学刘怀兰教授任主编，任艳茹、刘小斐、郝慧芬、李强任副主编，贺长春、王伟、刘艳辉、由国艳、王慧、赵美丽、朱福栋、高海兵参加编写；由熊清平、黄楼林两位专家进行主审。

在本书编写过程中，得到武汉华中数控股份有限公司、重庆华数机器人有限公司等企业工程技术人员的大力支持并提供大量宝贵资料，在此深表谢意。

由于编者水平有限，书中难免有不妥之处，恳请读者谅解并提出宝贵建议。

为方便教学，本书配有免费的电子教学课件、习题参考答案，请有需要的教师登录华信教育资源网 (http://www.hxedu.com.cn) 免费注册后进行下载，如有问题请在网站留言或与电子工业出版社联系 (E-mail: hxedu@phei.com.cn)。

如果需要更多的资源，请登录中国智造.立方学院 ( http://www.accim.com.cn) 注册后下载使用。

编　者

目 录

第1章

工业机器人的概念与典型应用

导读

正如比尔·盖茨所说"机器人将对人类的工作、交流、学习和娱乐等方面产生重要而深远的影响，如同计算机在过去几十年中给世界所带来的改变一样。"工业机器人是机器人家族中的重要一员，也是目前技术发展最成熟、应用最多的一类机器人，可在保障稳定、优质生产的同时大幅度提高生产效率、降低次品率。作为先进制造业中不可替代的重要装备，工业机器人已经成为衡量一个国家制造水平和科技水平的重要标志。本章主要介绍工业机器人的定义、特点、类型、现状、发展及其应用。

知识目标

（1）了解工业机器人的定义、特点。
（2）了解工业机器人的历史和发展趋势。
（3）熟悉工业机器人的常见分类及其行业应用。

1.1 工业机器人的定义及特点

机器人是什么？国际上对机器人的定义有很多。

美国机器人协会（RIA）将工业机器人定义为："工业机器人是用来进行搬运材料、零部件、工具等可再编程的多功能机械手，或通过不同程序的调用来完成各种工作任务的特种装置。"

日本工业机器人协会（JIRA）将工业机器人定义为："工业机器人是一种装备有记忆装置和末端执行器的，能够转动并通过自动完成各种移动来代替人类劳动的通用机器。"

在我国 1989 年的国际草案中，工业机器人被定义为："一种自动定位控制，可重复编程的、多功能的、多自由度的操作机。操作机被定义为：具有和人手臂相似的动作功能，可在空间抓取物体或进行其他操作的机械装置。"

国际标准化组织（ISO）曾于 1984 年将工业机器人定义为："机器人是一种自动的、位置可控的、具有编程能力的多功能机械手，这种机械手具有几个轴，能够借助于可编程序操作来处理各种材料、零件、工具和专用装置，以执行各种任务。"

工业机器人最显著特点如下所述。

1. 可编程

生产自动化的进一步发展是柔性自动化。工业机器人可随其工作环境变化的需要而再编程，因此它在小批量、多品种具有均衡高效率的柔性制造过程中能发挥很好的功用，是柔性制造系统中的一个重要组成部分。

2. 拟人化

工业机器人在机械结构上有类似人的行走、腰转、大臂、小臂、手腕、手爪等部分，在控制上有计算机。此外，智能化工业机器人还有许多类似人类的"生物传感器"，如皮肤型接触传感器、力传感器、负载传感器、视觉传感器、声觉传感器、语言功能传感器等。

3. 通用性

除了专门设计的专用的工业机器人外，一般工业机器人在执行不同的作业任务时具有较好的通用性。比如，更换工业机器人手部末端执行器（手爪、工具等）便可执行不同的作业任务。

4. 机电一体化

第三代智能机器人不仅具有获取外部环境信息的各种传感器，而且还具有记忆能力、语言理解能力、图像识别能力、推理判断能力等人工智能，这些都是微电子技术的应用，特别是与计算机技术的应用密切相关。工业机器人与自动化成套技术，集中并融合了多项学科，涉及多项技术领域，包括工业机器人控制技术、机器人动力学及仿真、机器人构建有限元分析、激光加工技术、模块化程序设计、智能测量、建模加工一体化、工厂自动化以及精细物流等先进制造技术，技术综合性强。

1.2 工业机器人的历史与发展趋势

1.2.1 工业机器人的历史

1886 法国作家利尔亚当给机器人起名。

1920 年捷克作家卡雷尔·查培克在其剧本《罗萨姆的万能机器人》中最早使用机器人一词，剧中机器人"Robot"这个词的本义是苦力，即剧作家笔下的一个具有人的外表、特征和功能的机器，是一种人造的劳力。它是最早的工业机器人设想。

1954 年美国人乔治·戴沃尔制造出世界上第一台可编程的机器人；1959 年戴沃尔与美国发明家约瑟夫·英格伯格联手制造出第一台工业机器人，开创了机器人发展的新纪元，如图 1-1 和图 1-2 所示。

图 1-1　乔治·戴沃尔（右）与约瑟夫·英格伯格　　　　图 1-2　世界第一台机器人

20 世纪 60 年代初，美国 AMF 公司推出的"VERSTRAN 型"和"UNIMATION 型"机器人，并很快地在工业生产中得到应用；1969 年，美国通用汽车公司用 21 台工业机器人组成了焊接轿车车身的自动生产线。

此后，各工业发达国家都很重视研制和应用工业机器人。

1.2.2 工业机器人的发展现状

目前国际工业机器人技术日趋成熟，基本沿着两条路径发展：一是模仿人的手臂，实现多维运动，在应用上比较典型的是点焊、弧焊机器人；二是模仿人的下肢运动，实现物料输送、传递等搬运功能，如搬运机器人。机器人研发水平最高的是日本、美国与欧洲国家。日本在工业机器人领域研发实力强，全球曾一度有 60% 的工业机器人都来自日本；美国则在特种机器人研发方面全球领先。在国际上较有影响力的、著名的而且目前在中国的工业机器人市场也处于领先地位的机器人公司，可分为"四大"及"四小"两个阵营："四大"即为瑞典 ABB 公司、日本 FANUC 公司及 YASKAWA 公司、德国 KUKA 公司；"四小"为日本 OTC 公司、PANASONIC 公司、NACHI 公司及 KAWASAKI 公司。国内也涌现了一批工业机器人厂商，这些厂商中既有像新松这样的国内机器人技术的引领者，也有像南京埃斯顿、广州数控、华中数控这些伺服、数控系统厂商。

纵观世界各国在发展工业机器人产业过程中，可归纳为三种不同的发展模式，即日本模式、欧洲模式和美国模式。

1. 日本模式

日本模式的特点是：各司其职，分层面完成交钥匙工程，即机器人制造厂商以开发新型机器人和批量生产优质产品为主要目标，并由其子公司或社会上的工程公司来设计制造各行业所需要的机器人成套系统，并完成交钥匙工程。

2. 欧洲模式

欧洲模式的特点是：一揽子交钥匙工程，即机器人的生产和用户所需要的系统设计制造，全部由机器人制造厂商自己完成。

3. 美国模式

美国模式的特点是：采购与成套设计相结合。美国国内基本上不生产普通的工业机器人，企业需要时，机器人通常由工程公司进口，再自行设计、制造配套的外围设备，完成交钥匙工程。

我国机器人研究起步较晚，但进步较快，主要分为四个阶段：20 世纪 70 年代为萌芽期；20 世纪 80 年代为开发期；20 世纪 90 年代后期我国机器人在电子、家电、汽车、轻工业等行业的安装数量逐年递增；特别是近几年随着我国加入 WTO 后国际竞争更加激烈，人民对商品高质量和多样化的要求普遍提高，生产过程的柔性自动化要求日益迫切，汽车行业的迅猛发展带动了机器人产业的空前繁荣。根据国际机器人联合会（IFR）统计，2013 年全球工业机器人总销量的 70%集中在 5 个国家，即中国、日本、美国、韩国和德国，其中中国市场销售 36 560 台工业机器人，占全球销售量的 1/5，同比增幅达 60%，取代日本成为世界最大工业机器人市场，由此 2013 被称为中国工业机器人元年，如图 1-3 所示。参考日本经验，我国工业机器人未来 10 年需求进入加速临界点，存在三股力量来驱动这个市场：经济结构转型的"推力"；人口构成造成未来劳动力短缺与制造业用人成本趋势性上升的"拉力"；政府政策扶持的"催化力"。

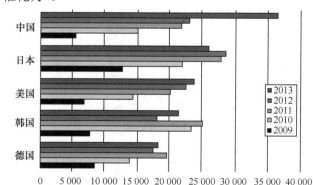

图 1-3　2009—2013 年全球主要国家工业机器人销售统计（台）

中国的机器人产业应走什么道路，如何建立自己的发展模式，确实值得探讨。中国工程院在 2003 年 12 月完成并公开的《我国制造业焊接生产现状与发展战略研究总结报告》中认为，我国应从"美国模式"着手，在条件成熟后逐步向"日本模式"靠近。

1.2.3　工业机器人的发展趋势

机器人技术作为 20 世纪人类最伟大的发明之一，自 20 世纪 60 年代初问世以来，从简单机器人到智能机器人，机器人技术的发展已取得长足进步。从近几年推出的产品来看，工业机器人技术正向高性能化、智能化、模块化和系统化方向发展，其发展趋势主要为：结构的模块化和可重构化；控制技术的开放化、PC 化和网络化；伺服驱动技术的数字化和分散化；多传感器融合技术的实用化；工作环境设计的优化和作业的柔性化等。

1. 高性能

机器人技术正向高速度、高精度、高可靠性、便于操作和维修方向发展，且单机价格不断下降。

2. 机械结构向模块化、可重构化发展

例如，关节模块中的伺服电动机、减速机、检测系统三位一体化；由关节模块、连杆模块用重组方式构造机器人整机；国外已有模块化装配机器人产品问市。

3. 本体结构更新加快

随着技术的进步，机器人本体结构近 10 年来发展变化很快。以安川 MOTOMAN 机器人产品为例，L 系列机器人持续 10 年，K 系列机器人持续 5 年时间，SK 系列机器人持续 3 年时间，1998 年年底安川公司推出了最新的 UP 系列机器人，其突出的特点是：大臂采用新型的非平行四边形的单连杆机构，工作空间有所增加，本体自重进一步减少，变得更加轻巧。

4. 控制系统向基于 PC 的开放型控制器方向发展

控制系统向基于 PC 的开放型控制器方向发展，便于标准化、网络化；器件集成度提高，控制柜日见小巧。

5. 多传感器融合技术的实用化

机器人中的传感器作用日益重要，除采用传统的位置、速度、加速度等传感器外，装配、焊接机器人还应用了视觉、力觉等传感器，而遥控机器人则采用视觉、声觉、力觉、触觉等多传感器的融合技术来进行环境建模及决策控制；多传感器融合配置技术在产品化系统中已有成熟应用。

6. 多智能体调控制技术

多智能体调控制技术是目前机器人研究的一个崭新领域。主要对多机器人协作、多机器人通信、多智能体的群体体系结构、相互间的通信与磋商机理，感知与学习方法，建模

和规划、群体行为控制等方面进行研究。

1.3 工业机器人的分类

1. 按照技术水平分类

1）示教再现型机器人

第一代工业机器人是示教再现型，具有记忆能力。这类机器人能够按照人类预先示教的轨迹、行为、顺序和速度重复作业。一种示教是由操作员手把手示教，如图1-4（a）所示，比如操作人员握住机器人上的喷枪，沿喷漆路线示范一遍，机器人动作中记住这一连串运动，工作中，自动重复这些运动，从而完成给定位置的涂装工作。另一种比较普遍的方式是通过示教器示教，如图1-4（b）所示，操作人员利用示教器上的开关或按键来控制机器人一步一步运动，机器人自动记录，然后重复。目前，绝大部分应用中的工业机器人均属于这一类。缺点是操作人员的水平影响工作质量。

（a）手把手示教　　　　　　　　（b）示教器示教

图1-4　示教再现型机器人

2）感知机器人

第二代工业机器人具有环境感知装置，对外界环境有一定感知能力，并具有听觉、视觉、触觉等功能。工作时，根据感觉器官（传感器）获得的信息，灵活调整自己的工作状态，保证在适应环境的情况下完成工作。目前已进入应用阶段。

例如，具有触觉的机械手可轻松自如地抓取皮球，具有嗅觉的机器人能分辨出不同饮料和酒类，如图1-5所示。

（a）具备触觉　　　　　　　　（b）具备嗅觉

图1-5　感知机器人

3）智能机器人

第三代工业机器人称为智能机器人，如图1-6和图1-7所示。具有高度的适应性，能自行学习、推理、决策等，处在研究阶段。

图1-6　自主学习机器人

图1-7　智能机器人

2. 按机器人结构坐标系的特点分类

工业机器人的机械配置形式多种多样，典型机器人的机构运动特征是用其坐标特性来描述的。按基本动作机构，工业机器人通常可分为直角坐标机器人、圆柱坐标机器人、球面坐标机器人和关节型机器人等类型，如图1-8所示。

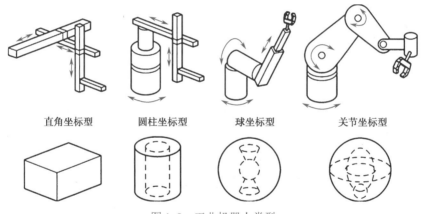

图1-8　工业机器人类型

1）直角坐标型机器人

直角坐标型机器人的手部在空间三个相互垂直的 X、Y、Z 方向做移动运动，构成一个直角坐标系，运动是独立的（有 3 个独立自由度），其动作空间为一长方体。如图1-9所示，其特点是控制简单、运动直观性强、易达到高精度，但操作灵活性差、运动的速度较低、操作范围较小而占据的空间相对较大。

2）圆柱坐标型机器人

圆柱坐标型机器人机座上具有一个水平转台，在转台上装有立柱和水平臂，水平臂能上下移动和前后伸缩，并能绕立柱旋转，在空间构成部分圆柱面（具有一个回转和两个平移自由度），如图1-10所示，其特点是其工作范围较大、运动速度较高，但随着水平臂沿水平方向伸长，其线位移分辨精度越来越低。著名的 Versatran 机器人就是典型的圆柱坐标机器人。

图 1-9　直角坐标机器人

图 1-10　圆柱坐标机器人

3）极坐标型机器人（球坐标型）

极坐标型机器人工作臂不仅可绕垂直轴旋转，还可绕水平轴做俯仰运动，且能沿手臂轴线做伸缩运动（其空间位置分别有旋转、摆动和平移 3 个自由度），如图 1-11 所示，著名的 Unimate 机器人就是这种类型的机器人。其特点是结构紧凑，所占空间体积小于直角坐标和圆柱坐标机器人，但仍大于关节型机器人，操作比圆柱坐标型更为灵活。

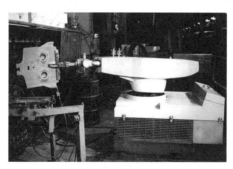

图 1-11　极坐标机器人

4）多关节坐标型机器人

多关节坐标型机器人由多个旋转和摆动机构组合而成。其特点是操作灵活性好、运动速度高、操作范围大，但精度受手臂位姿的影响，实现高精度运动较困难。对喷涂、装配、焊接等多种作业都有良好的适应性，应用范围越来越广。不少著名的机器人都采用了这种形式，其摆动方向主要有铅垂方向和水平方向两种，因此这类机器人又可分为垂直多关节

型机器人和水平多关节型机器人。例如，美国 Unimation 公司 20 世纪 70 年代末推出的机器人 PUMA 就是一种垂直多关节型机器人，而日本山梨大学研制的机器人 SCARA 则是一种典型的水平多关节型机器人。目前世界工业界装机最多的多关节型机器人是串联关节型垂直六轴机器人和 SCARA 型四轴机器人。

（1）垂直多关节型机器人：如图 1-12 所示，其操作机由多个关节连接的机座、大臂、小臂和手腕等构成，大、小臂既可在垂直于机座的平面内运动，也可实现绕垂直轴的转动。模拟了人类的手臂功能，手腕通常由 2～3 个自由度构成。其动作空间近似一个球体，所以也称为多关节球面机器人。其优点是可以自由地实现三维空间的各种姿势，可以生成各种复杂形状的轨迹。相对机器人的安装面积，其动作范围很宽。缺点是结构刚度较低，动作的绝对位置精度较低。

（2）水平多关节型机器人：如图 1-13 所示，水平多关节型机器人在结构上具有串联配置的两个能够在水平面内旋转的手臂，自由度可以根据用途选择 2～4 个，动作空间为一圆柱体。其优点是在垂直方向上的刚性好，能方便地实现二维平面上的动作，在装配作业中得到普遍应用。

图 1-12　垂直多关节型机器人

（a）SCARA水平多关节型机器人　　（b）水平多关节型机器人流水线分拣

图 1-13　水平多关节型机器人

1.4　工业机器人的典型应用

自从 20 世纪 50 年代末人类创造了第一台工业机器人以后，机器人就显示出它极大的生命力，在短短 40 多年的时间内，机器人技术得到了迅速发展，工业机器人已在工业发达国家的生产中得到了广泛的应用。目前，工业机器人已广泛应用于汽车及其零部件制造业、机械加工行业、电子电气行业、橡胶及塑料工业、食品饮料工业、木材与家具制造业等领域中，参见表 1-1。在工业生产中，弧焊机器人、点焊机器人、装配机器人、喷漆机器人及搬运机器人等工业机器人都已被大量采用。

表 1-1　工业机器人在各行业中的应用

行　业	具　体　应　用
汽车及其零部件	弧焊、点焊、搬运、装配、冲压、喷涂、切割（激光、离子）等
电子电气	搬运、洁净装配、自动传输、打磨、真空封装、检测、拾取等
化工纺织	搬运、包装、码垛、称重、切割、检测、上下料等
机械加工	工件搬运、装配、检测、焊接、铸件去毛刺、研磨、切割（激光/离子）、包装、码垛、自动传送等
电力核电	布线、高压检查、核反应堆检修、拆卸等
食品饮料	包装、搬运、真空包装等
橡胶塑料	上下料、去毛边等
冶金钢铁	钢、合金锭搬运、码垛、铸件去毛刺、浇口切割等
家电家具	装配、搬运、打磨、抛光、喷漆、玻璃制品切割、雕刻等
海洋勘探	深水勘探、海底维修、建造等
航空航天	空间站检修、飞行器修复、资料收集等
军事	防爆、排雷、兵器搬运、放射性检测等

　　工业机器人及成套设备为什么能得到广泛应用，原因就是工业机器人的使用不仅能将工人从繁重或有害的体力劳动中解放出来，解决当前劳动力短缺问题，而且能够提高生产效率和产品质量，增强企业整体竞争力。服务型机器人通常是可移动的，代替或协助人类完成为人类提供服务和安全保障的各种工作。工业机器人并不仅是简单意义上代替人工的劳动，它可作为一个可编程的高度柔性、开放的加工单元集成到先进制造系统，适合于多品种大批量的柔性生产，可以提升产品的稳定性和一致性，在提高生产效率的同时加快产品的更新换代，对提高制造业自动化水平起到很大作用。使用工业机器人的优点参见表 1-2。

表 1-2　工业机器人的优点

优　点	内　容
提高劳动生产率	机器人能高强度地、持久地在各种环境中从事重复的劳动，改善劳动条件，减少人工用量，提高了设备的利用率
提高产品稳定性	机器人动作准确性、一致性高，可以降低制造中的废品率，降低工人误操作带来的残次零件风险等
实现柔性制造	机器人具有高度的柔性，可实现多品种、小批量的生产
较强的通用性	机器人具有广泛的通用性，比一般自动化设备具有更广泛的使用范围
加快产品更新周期	机器人具有更强与可控的生产能力，加快产品更新换代，提高企业竞争力

2013 年我国工业机器人应用行业分布情况如图 1-14 所示，由此可知，当今近 50%的工业机器人集中使用在汽车领域，主要进行焊接、喷涂、搬运、装配和码垛等复杂作业。为此，本节着重介绍这几类工业机器人的应用情况。

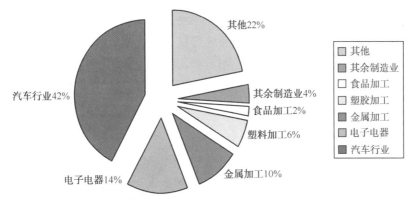

图 1-14　2013 年中国工业机器人在各行业销售比例

1. 焊接机器人

机器人焊接是目前最大的工业机器人应用领域（如工程机械、汽车制造、电力建设、钢结构等），它能在恶劣的环境下连续工作并能提供稳定的焊接质量，提高了工作效率，减轻了工人的劳动强度。采用机器人焊接是焊接自动化的革命性进步，它突破了焊接刚性自动化（焊接专机）的传统方式，开拓了一种柔性自动化生产方式，实现了在一条焊接机器人生产线上同时自动生产若干种焊件。通常使用的焊接机器人有点焊机器人和弧焊机器人两种。

1）点焊机器人

点焊机器人由机器人本体、计算机控制系统、示教盒和点焊焊接系统几部分组成，为了适应灵活作业的工作要求，通常点焊机器人选用关节式工业机器人的基本设计，一般具有 6个自由度：腰转、大臂转、小臂转、腕转、腕摆及腕捻。其驱动方式有液压驱动和电气驱动两种。其中电气驱动具有保养维修简便、能耗低、速度高、精度高、安全性好等优点，因此应用较为广泛。点焊机器人按照示教程序规定的动作、顺序和参数进行点焊作业，其过程是完全自动化的，并且具有与外部设备通信的接口，可以通过这一接口接收上一级主控与管理计算机的控制命令进行工作。典型的应用领域是汽车车身的焊装流水线。但现在有一种趋势，即点焊机器人在中小型零部件制造企业的应用也不断扩展。点焊机器人如图 1-15 所示。

图 1-15　点焊机器人

2）弧焊机器人

一般的弧焊机器人是由示教盒、控制盘、机器人本体及自动送丝装置、焊接电源等几部分组成。可以在计算机的控制下实现连续轨迹控制和点位控制，还可以利用直线插补和圆弧插补功能焊接由直线及圆弧所组成的空间焊缝。弧焊机器人主要有熔化极焊接作业和非熔化极焊接作业两种类型，具有可长期进行焊接作业、保证焊接作业的高生产率、高质量和高稳定性等特点。最常用的应用范围是结构钢的熔化极活性气体保护焊（CO_2、MAG）、不锈钢、铝的熔化极惰性气体保护焊（MIG），各种金属的钨极惰性气体保护焊（TIG）等，如图 1-16 所示。

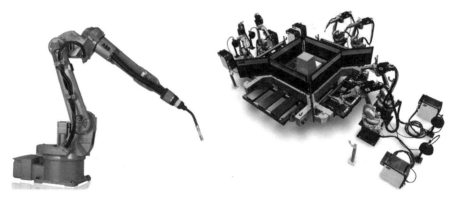

图 1-16 弧焊机器人

2. 喷涂机器人

喷涂机器人又称喷漆机器人，是可进行自动喷漆或喷涂其他涂料的工业机器人。喷漆机器人主要由机器人本体、计算机和相应的控制系统组成，液压驱动的喷漆机器人还包括液压油源，如油泵、油箱和电动机等，如图 1-17 所示为喷涂机器人的系统图。多采用 5 或 6 个自由度关节式结构，手臂有较大的运动空间，并可做复杂的轨迹运动，其腕部一般有 2～3 个自由度，可灵活运动。较先进的喷漆机器人腕部采用柔性手腕，既可向各个方向弯曲，又可转动，其动作类似人的手腕，能方便地通过较小的孔伸入工件内部，喷涂其内表面。

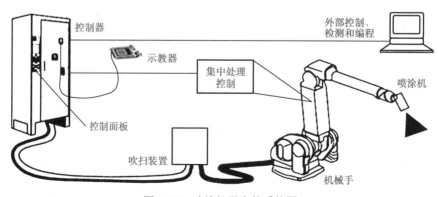

图 1-17 喷涂机器人的系统图

喷漆机器人一般采用液压驱动，具有动作速度快、防爆性能好等特点，可通过手把手示教或点位示教来完成程序录入，进行喷涂工作。喷漆机器人广泛用于汽车、仪表、电气、搪瓷等工艺生产部门，喷漆机器人能在恶劣环境下连续工作，并具有工作灵活、工作精度高等特点，因此喷漆机器人被广泛应用于汽车、大型结构件等喷漆生产线，以保证产品的加工质量、提高生产效率、减轻操作人员劳动强度。喷涂机器人如图 1-18 所示。

图 1-18　喷涂机器人

3. 搬运机器人

搬运作业是指用一种设备握持工件，从一个加工位置移到另一个加工位置。搬运机器人可安装不同的末端执行器（如机械手爪、真空吸盘、电磁吸盘等）以完成各种不同形状和状态的工件搬运，大大减轻了人类繁重的体力劳动。通过编程控制，可以让多台机器人配合各个工序不同设备的工作时间，实现流水线作业的最优化。搬运机器人具有定位准确、工作节拍可调、工作空间大、性能优良、运行平稳可靠、维修方便等特点。目前世界上使用的搬运机器人已超过 10 万台，广泛应用于机床上下料、自动装配流水线、码垛搬运、集装箱等的自动搬运，搬运机器人如图 1-19 和图 1-20 所示。

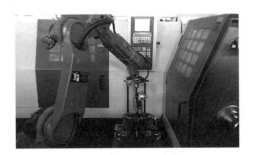

图 1-19　搬运机器人　　　　　　　　　图 1-20　机床上下料机器人

4. 装配机器人

装配机器人是柔性自动化装配系统的核心设备，由机器人操作机、控制器、末端执行器和传感系统组成。其中操作机的结构类型有水平关节型、直角坐标型、多关节型和圆柱坐标型等；控制器一般采用多 CPU 或多级计算机系统，实现运动控制和运动编程；末端执行器为适应不同的装配对象而设计成各种手爪和手腕等；传感系统用来获取装配机器人与环境和装配对象之间相互作用的信息。装配机器人具有精度高、柔顺性好、工作范围小、能与其他系统配套使用等特点，主要用于各种电气制造行业，装配机器人如图 1-21 所示。

图 1-21　装配机器人

5. 码垛机器人

码垛机器人是研制开发的新机型，质量稳定、性价比高。码垛机器人的程序里所需要定位的只有两点：一个是抓起点，另一个是摆放点。这两点之间以外的轨道全由计算机来控制，计算机自己会寻找这两点的最合理的轨道来移动，所以示教方法极为简单。机械手运动属于直线运动。码垛机器人适应于化工、饮料、食品、啤酒、塑料等自动生产企业；对箱装、袋装、罐装、瓶装等各种形状的包装都适应。码垛机器人如图 1-22 所示。

图 1-22　垛码机器人

6. 其他领域应用的机器人

根据应用领域划分，机器人还可以分为研磨抛光、清洁、水切割、净化、真空等类型，其中研磨和抛光机器人如图 1-23 和图 1 24 所示。

图 1-23　研磨机器人

图 1-24　抛光机器人

综上所述，在工业生产中应用的机器人，可以方便迅速地改变作业内容或方式，以满足生产要求的变化。例如，改变焊缝轨迹，改变喷涂位置，变更装配部件或位置等。随着对工业生产线柔性的要求越来越高，对各种机器人的需求也会越来越强烈。

实训 1　认识不同类型的工业机器人

1. 实训目的

在机器人实训室，教师为学生介绍并操作演示搬运、焊接等不同类型工业机器人，通过介绍、操作演示，使得学生能够初步了解不同类型工业机器人的使用方法、特点、作用、区别等，对工业机器人有初步认知。

2. 实训方法

（1）学生分组。
（2）老师介绍实训工业机器人（焊接、搬运机器人）类型、品牌、应用等。
（3）教师演示工业机器人的操作过程，并说明操作过程的注意事项等。
（4）每组同学进行简单操作。

拓展与提高 1　焊接机器人技术的新发展

将激光用于焊接机器人是激光焊接的一种重要形式。焊接机器人具有多自由度、编程灵活、自动化程度高、柔性程度高等特点，是焊接生产线的重要组成部分。将激光器安装在焊接机器人上进行焊接，大大提高了焊接机器人的焊接质量和适用范围，在船板、汽车生产线中激光焊接机器人具有越来越重要的地位。如图 1-25 所示为 CO_2 激光焊接机器人进行焊接的示意图。

图 1-25　CO_2 激光焊接机器人

激光焊接具有焊缝深宽比大、热影响区窄、焊接速度快、焊接线能量低、焊接变形小、聚焦后的光斑直径小（0.2～0.6 mm）和能量密度高（106 W/cm²）等特点，但是对焊接接头装配精度和间隙要求高，焊缝易出现气孔、裂缝和咬边等缺陷，设备投资大，能量转换效率低。而常规的熔化极电弧焊虽然焊接速度慢、焊接线能量大、熔深小、热影响区大、焊接变形大，但是设备投资小，对间隙不敏感，能填充金属。因此，近年来激光焊接的发展趋势之一就是采用激光+电弧的联合焊接方法，将激光和电弧两种热源的优点集中起来，弥补单热源焊接工艺的不足，如图 1-26 所示。

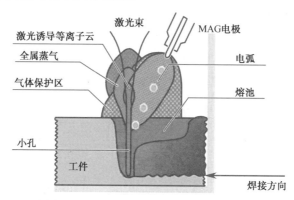

图 1-26　激光+电弧复合热源焊接示意图

将三种焊接条件下的焊缝熔深进行对比，结果如图 1-27 所示，依次为电弧焊的熔深、激光焊的熔深、激光+电弧复合热源的熔深。从图中可以看出，复合热源的焊缝具有很好的焊缝熔深和深宽比。

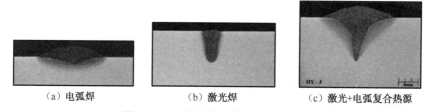

　（a）电弧焊　　　　　　（b）激光焊　　　　（c）激光+电弧复合热源

图 1-27　三种焊接条件下的焊缝熔深

本章小结

工业机器人是一种能自动定位控制并可重新编程予以变动的多功能机器。它有多个自由度，可用来搬运材料、零件和握持工具，以完成各种不同的作业。

工业机器人的发展过程可分为三代。第一代为示教再现型机器人，它可以按照预先设定的程序，自主完成规定动作或操作，当前工业中应用最多。第二代为感知型机器人，如有力觉、触觉和视觉等，它具有对某些外界信息进行反馈调整的能力，目前已进入应用阶段。第三代为智能型机器人，尚处于实验研究阶段。

工业机器人对于新兴产业的发展和传统产业的转型都起着非常重要的作用。目前工业机器人在生产中应用范围越来越广，受市场需求等原因的驱动，也将直接推动机器人产业

的快速发展。

机器人产业发展主要有三个驱动力：经济结构转型的"推力"；人口构成造成未来劳动力短缺与制造业用人成本趋势性上升的"拉力"；政府政策扶持的"催化力"。

对于机器人代替人工，除人力成本（降低）、人力贡献（降低）以及新型定制化生产（的出现）等因素之外，更多的是全球制造业正处于再次升级阶段，即制造业自动化转型升级，高度的自动化生产将是今后的发展趋势。

思考与练习题 1

1．填空题

（1）按照机器人的技术发展水平，可以将工业机器人分为三代，即_____机器人、_____机器人和_____机器人。

（2）工业机器人的发展趋势有_____。

（3）工业机器人的基本特征是_____、_____、_____、_____。

2．选择题

（1）按工业机器人结构坐标系特点分为（　　）。

　　①直角坐标型机器人　　　　②圆柱坐标型机器人
　　③极坐标型机器人　　　　　④多关节坐标型机器人
　　A．①③　　　　　　B．②③　　　　　　C．①②④　　　　D．①②③④

（2）目前，近 50%的工业机器人使用在（　　）领域。

　　①汽车　②食品加工　③电子电器　④金属加工　⑤塑料加工
　　A．①　　　　　　　B．②④　　　　　　C．②③　　　　　D．①⑤

（3）国际上机器人四巨头指的是（　　）。

　　①瑞典 ABB　　　　②日本 FANUC　　　③日本 YASKAWA　④德国 KUKA
　　⑤日本 OTC
　　A．①②③④　　　B．①②③⑤　　　C．②③④⑤　　D．①③④⑤

3．简答与分析题

（1）请阐述工业机器人的应用实例，并根据实际分析近 5 年当地工业机器人的发展情况。

（2）工业机器人机械系统总体设计主要包括哪几个方面的内容？

（3）什么是 SCARA 机器人？应用上有何特点？

第2章

工业机器人的机械结构

导读

　　工业机器人的机械结构是机器人的主要基础理论和关键技术，也是现代机械原理研究的主要内容。机器人一般由驱动系统、执行机构、控制系统三个基本系统，以及一些复杂的机械结构组成。通常用自由度、工作空间、额定负载、定位精度、重复精度和最大工作速度等技术指标来描述机器人的性能。

　　第2.1节将着重从自由度、工作空间这两方面进行详细的介绍。按照结构特点和运动形式的不同，机器人分为直角坐标机器人、圆柱坐标机器人、极坐标机器人和关节机器人，其中关节机器人是目前应用较为广泛的一种机器人，第2.2节将重点介绍关节机器人各部位的结构功能。

知识目标

（1）掌握机器人的自由度和工作空间。
（2）了解机器人的系统组成。
（3）掌握机器人的结构运动简图。
（4）掌握关节坐标机器人机身、臂部、腕部及手部等结构特点及功能。

能力目标

（1）能够根据机器人的结构组成确定其自由度。
（2）能够根据机器人的结构识别机器人的运动。
（3）能够根据工作需求正确选择机器人。

2.1　机器人的结构基础

2.1.1　机器人结构运动简图

机器人结构运动简图是指用结构与运动符号表示机器人手臂、手腕和手指等结构及结构间的运动形式的简易图形符号，参见表 2-1。

表 2-1　机器人结构运动简图

序号	运动和结构机能	结构运动符号	图例说明	备　注
1	移动 1			
2	移动 2			
3	摆动 1	（a）（b）		绕摆动轴旋转角度小于 360°；（b）是（a）的侧向图形符号
4	摆动 2	（a）（b）		能绕摆动轴 360° 旋转；（b）是（a）的侧向图形符号
5	回转 1			一般用于表示腕部回转
6	回转 2			一般用于表示机身的回转
8	钳爪式手部			
9	磁吸式手部			
10	气吸式手部			
11	行走机构			
12	底座固定			

机器人结构运动简图能够更好地分析和记录机器人的各种运动和运动组合，可简单清

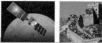

晰地表明机器人的运动状态，有利于对机器人的设计方案进行鲜明的对比。

2.1.2 工业机器人的运动自由度

1. 自由度的概念

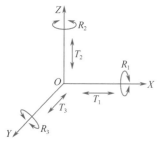

图 2-1 刚体三维空间自由度

描述物体相对于坐标系进行独立运动的数目称为自由度。物体在三维空间有 6 个自由度，如图 2-1 所示。

2. 工业机器人的自由度

机器人的自由度是指描述机器人本体（不含末端执行器）相对于基坐标系（机器人坐标系）进行独立运动的数目。机器人的自由度表示机器人动作灵活的尺度，一般以轴的直线移动、摆动或旋转动作的数目来表示。

在机器人机构中，两相邻连杆之间有一个公共的轴线，两杆之间允许沿该轴线相对移动或绕该轴线相对转动，构成一个运动副，也称为关节。机器人关节的种类决定了机器人的运动自由度，移动关节、转动关节、球面关节和虎克铰关节是机器人机构中经常使用的关节类型。

- ◆ 移动关节——用字母 P 表示，它允许两相邻连杆沿关节轴线做相对移动，这种关节具有 1 个自由度，如图 2-2（a）所示。
- ◆ 转动关节——用字母 R 表示，它允许两相邻连杆绕关节轴线做相对转动，这种关节具有 1 个自由度，如图 2-2（b）所示。
- ◆ 球面关节——用字母 S 表示，它允许两连杆之间有三个独立的相对转动，这种关节具有 3 个自由度，如图 2-2（c）所示。
- ◆ 虎克铰关节——用字母 T 表示，它允许两连杆之间有两个相对转动，这种关节具有 2 个自由度，如图 2-2（d）所示。

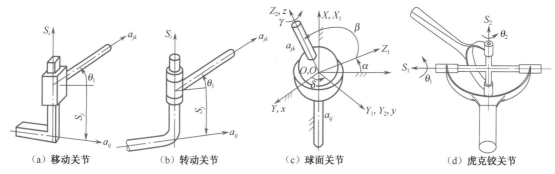

图 2-2 工业机器人关节类型

1）直角坐标机器人的自由度

如图 2-3 所示为直角坐标机器人，其臂部具有 3 个自由度。其移动关节各轴线相互垂直，使臂部可沿 X、Y、Z 三个自由度方向移动，构成直角坐标机器人的 3 个自由度。这种形式的机器人主要特点是结构刚度大，关节运动相互独立，操作灵活性差。

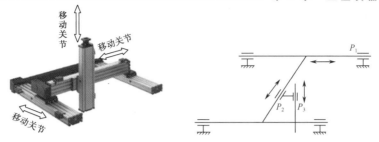

图 2-3　直角坐标机器人自由度

2）圆柱坐标机器人的自由度

如图 2-4 所示为五轴圆柱坐标机器人，其有 5 个自由度。臂部可沿自身轴线伸缩移动、可绕机身垂直轴线回转，以及沿机身轴线上下移动，构成 3 个自由度；另外，臂部、腕部和末端执行器三者间采用 2 个转动关节连接，构成 2 个自由度。

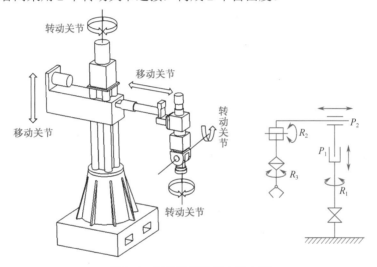

图 2-4　圆柱坐标机器人自由度

3）球（极）坐标机器人的自由度

如图 2-5 所示为球（极）坐标机器人，其具有 5 个自由度。臂部可沿自身轴线伸缩移动，可绕机身垂直轴线回转，并可在垂直平面内上下摆动，构成 3 个自由度；另外，臂部、腕部和末端执行器三者间采用 2 个转动关节连接，构成 2 个自由度。这类机器人的灵活性好，工作空间大。

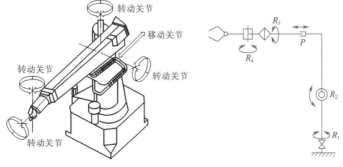

图 2-5　球（极）坐标机器人自由度

4）关节机器人

关节机器人的自由度与关节机器人的轴数和关节形式有关，现以常见的 SCARA 平面关节机器人和六轴关节机器人为例进行说明。

（1）SCARA 型关节机器人。

SCARA 型关节机器人有 4 个自由度，如图 2-6 所示。SCARA 型关节机器人的大臂与机身的关节、大小臂间的关节都为转动关节，具有 2 个自由度；小臂与腕部的关节为移动关节，此关节处具有 1 个自由度；腕部和末端执行器的关节为 1 个转动关节，具有 1 个自由度，实现末端执行器绕垂直轴线的旋转。这种机器人适用于平面定位，在垂直方向进行装配作业。

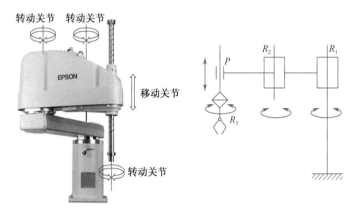

图 2-6　SCARA 平面关节机器人自由度

（2）六轴关节机器人。

六轴关节机器人有 6 个自由度，如图 2-7 所示。六轴关节机器人的机身与底座处的腰关节、大臂与机身处的肩关节、大小臂间的肘关节，以及小臂、腕部和手部三者间的三个腕关节，都是转动关节，因此该机器人具有 6 个自由度。这种机器人动作灵活、结构紧凑。

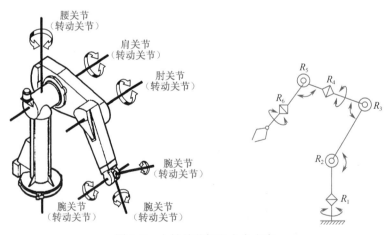

图 2-7　六轴关节机器人自由度

5）并联机器人的自由度

并联机器人是由并联方式驱动的闭环机构组成的机器人。如图 2-8 所示，Gough-Stewart 并联机构和由此机构构成的机器人是典型的并联机器人。与开链式工业机器人的自由度不同，并

联机器人不能通过结构关节自由度的个数明显数出，可通过公式（2-1）计算其自由度数。

$$F = 6(l - n + 1) + \sum_{i=1}^{n} f_i \qquad (2\text{-}1)$$

式中，F——机器人自由度数；

l——机构连杆数；

n——结构的关节总数；

f_i——第 i 个关节的自由度数。

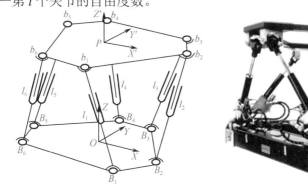

图 2-8　Gough-Stewart 并联机构和并联机器人

并联机器人具有无累积误差、精度高、刚度大、承载能力强、速度高、动态响应好、结构紧凑、工作空间较小等特点。根据这些特点，并联机器人在需要高刚度、高精度或者大载荷而不需要很大工作空间的领域内得到了广泛应用。

2.1.3　工业机器人的坐标系

工业机器人的运动实质是根据不同作业内容和轨迹的要求，在各种坐标系下的运动。工业机器人的坐标系主要包括：基坐标系、关节坐标系、工件坐标系及工具坐标系，如图 2-9 所示。

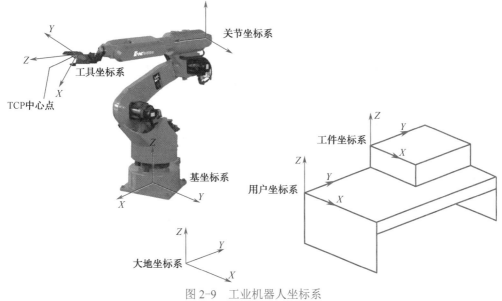

图 2-9　工业机器人坐标系

1. 基坐标系

基坐标系是机器人其他坐标系的参照基础，是机器人示教与编程时经常使用的坐标系之一，它的位置没有硬性的规定，一般定义在机器人安装面与第一转动轴的交点处。

2. 关节坐标系

关节坐标系的原点设置在机器人关节中心点处，反映了该关节处每个轴相对该关节坐标系原点位置的绝对角度。

3. 工件坐标系

工件坐标系是用户自定义的坐标系，用户坐标系也可以定义为工件坐标系，可根据需要定义多个工件坐标系，当配备多个工作台时，选择工件坐标系操作更为简单。

4. 工具坐标系

工具坐标系是原点安装在机器人末端的工具中心点（Tool Center Point，TCP）处的坐标系，原点及方向都是随着末端位置与角度不断变化的，该坐标系实际是将基坐标系通过旋转及位移变化而来的。因为工具坐标系的移动，以工具的有效方向为基准，与机器人的位置、姿势无关，所以进行相对于工件不改变工具姿势的平行移动最为适宜。

2.1.4 工业机器人的工作空间

1. 工作空间的概念

1）工作空间

机器人正常运行时，末端执行器工具中心点 TCP 所能在空间活动的范围。这一空间又称可达空间或总工作空间，记作 $W(p)$。

2）灵活工作空间

在总工作空间内，末端执行器以任意姿态达到的点所构成的工作空间，记作 $W_p(p)$。

3）次工作空间

次工作空间是指总工作空间中去掉灵活工作空间所余下的部分，记作 $W_s(p)$。根据定义，有：

$$W(p)=W_p(p)+W_s(p) \tag{2-2}$$

4）奇异形位

奇异形位是指总工作空间 $W(p)$ 边界面上的点所对应的机器人的位置和姿态。

灵活工作空间内点的灵活程度受到操作机结构的影响，通常分作两类：

（1）Ⅰ类——末端执行器以全方位到达的点所构成的灵活空间，表示为 $W_{p1}(p)$。

（2）Ⅱ类——只能以有限个方位到达的点所构成的灵活空间，表示为 $W_{p2}(p)$。

5）举例

下面以平面 3R 操作机为例，说明上述基本概念。

如图 2-10 所示为 3R 操作机工作空间示意图，由三杆 L_1、L_2 和 H 组成，且 $L_1 > L_2 + H$。取手心点 P 为末端执行器的参考点，令 l_1、l_2 分别为 L_1、L_2 杆的长度，h 为手心点 P 到关节点 O_3 的长度（即 H 杆的长度），则：

（1）圆 C_1 半径：$R_1 = l_2 + l_2 + h$（如图 2-10 所示中的极限位置 1）；圆 C_4 半径：$R_4 = l_1 - l_2 - h$（如图 2-10 所示中的极限位置 3）。分别是该操作机的总工作空间的边界，它们之间的环形面积即 $W(p)$。

（2）圆 C_2 半径：$R_2 = l_1 + l_2 - h$（如图 2-10 所示中的极限位置 2）；圆 C_3 半径：$R_3 = l_1 - l_2 + h$（如图 2-10 所示中的极限位置 4）。分别是灵活工作空间的边界，它们之间的环形面积即 $W_p(p)$。

（3）圆 C_1 到圆 C_2 之间、圆 C_3 到圆 C_4 之间两环形面积即为次工作空间。

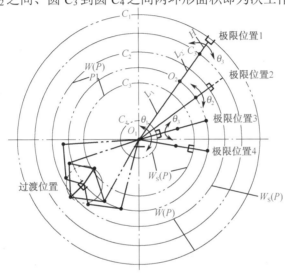

图 2-10　3R 操作机工作空间示意图

结论：

（1）$W_p(p)$ 中的任意点为全方位可达点。

（2）在 C_1 和 C_4 圆上的任意点，只可实现沿该圆的切线方向的运动。

（3）末杆 H 越长，即 h 越大，C_1 越大，C_4 越小，总工作空间越大；但相应的灵活工作空间则由于 C_2 的增大和 C_3 的减小而越小。

（4）工作空间同时受关节的转角限制。

2．工作空间的两个基本问题

1）正问题

给出某一结构形式和结构参数的操作机以及关节变量的变化范围，求工作空间的方式称为工作空间的正问题。

2）逆问题

给出某一限定的工作空间，求操作机的结构形式、参数和关节变量的变化范围的方式称为工作空间的逆问题。

3. 图解法确定工作空间

用图解法求工作空间边界，得到的往往是工作空间的各类剖截面（或剖截线），如图 2-11 所示。它直观性强，便于和计算机结合，以显示操作机的构形特征。图解法获得的工作空间不仅与机器人各连杆的尺寸有关，还与机器人的总体结构有关。

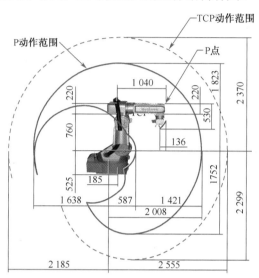

图 2-11 NB4L 型关节机器人外形尺寸与动作范围

在应用图解法确定工作空间边界时，需要将关节分为两组，即前三关节和后三关节（有时为两关节或单关节），前三关节称位置结构，主要确定工作空间大小，后三关节称定向结构，主要决定手部姿势。首先分别求出两组关节所形成的腕点空间和参考点在腕坐标系中的工作空间，再进行包络整合。

2.2 关节机器人

2.2.1 关节机器人的特点与分类

关节机器人，也称关节手臂机器人或关节机械手臂，是当今工业领域中最常见的工业机器人形态之一。类似于人类的手臂，可以代替很多不适合人力完成、有害身体健康的复杂工作。

1. 关节机器人的特点

（1）有很高的自由度，适合于几乎任何轨迹或角度的工作。
（2）可以自由编程，完成全自动化的工作。
（3）提高了生产效率，降低了可控制的错误率。
（4）代替很多不适合人力完成、有害身体健康的复杂工作。
（5）价格高，初期投资成本高。

（6）生产前期的工作量大。

2. 关节机器人的分类

1）多关节机器人

五轴和六轴关节机器人是常用的多关节机器人，这类机器人拥有五个或六个旋转轴，类似于人类的手臂。如图 2-12 所示为典型的六轴关节机器人，其应用领域有装货、卸货、喷漆、表面处理、测试、测量、弧焊、点焊、包装、装配、机加工、固定、特种装配操作、锻造、铸造等。

2）平面关节机器人 SCARA 及类 SCARA 机器人

传统 SCARA 机器人具有三个互相平行的旋转轴和一个线性轴，如图 2-13 所示，其应用领域有装货、卸货、焊接、包装、固定、涂层、喷漆、黏结、封装、特种搬运操作、装配等。

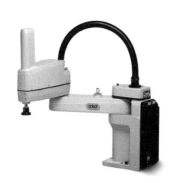

图 2-12　六轴关节机器人　　　　图 2-13　平面关节机器人 SCARA

类 SCARA 机器人为 SCARA 的变形，如图 2-14 所示，依然是三个平行的旋转轴和一个线性轴，不同点在于类 SCARA 机器人线性轴作为第二个轴，而 SCARA 机器人的线性轴作为第四个轴。

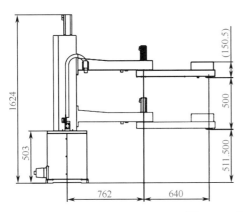
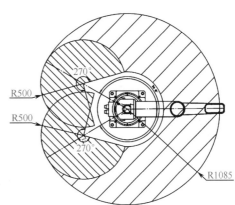

图 2-14　类 SCARA 机器人

目前国内新起的类 SCARA 机器人在市场上开始大量应用，类 SCARA 机器人主要用于冲压行业领域，如图 2-15 所示，弥补了 SCARA 机器人作业空间小的缺点。

图 2-15 类 SCARA 机器人的应用

3）四轴码垛机器人

四轴码垛机器人有四个旋转轴，具有机械抓手的定位锁紧装置，如图 2-16 所示，其应用领域有装货、卸货、包装、特种搬运操作、托盘运输等。

图 2-16 四轴码垛机器人

2.2.2 关节机器人的结构及功能

六轴工业机器人是典型的关节机器人，如图 2-17 所示，J_1、J_2、J_3 为定位关节，机器人手腕的位置主要由这三个关节决定，称之为位置机构；J_4、J_5、J_6 为定向关节，主要用于改变手腕姿态，称之为姿态机构。

在了解关节机器人结构之前，还需要了解一下关节机器人的正方向。现在以 HRS-6 机器人为例，如图 2-17 所示。J_2、J_3、J_5 关节以"抬起/后仰"为正，"降下/前倾"为负；J_1、J_4、J_6 关节满足"右手定则"，即拇指沿关节轴线指向机器人末端，则其他四指方向为关节正方向。

关节机器人的机械结构由四大部分构成：机身、臂部、腕部和手部，如图 2-18 所示。其中机身又称立柱，是支撑臂部的部件。关节机器人的机身和手臂的配置形式为基座式机身，屈伸式手臂。

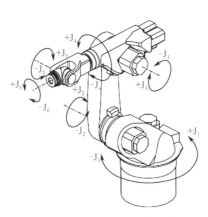

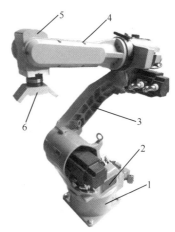

1—基座；

2—机身；

3—大臂；

4—小臂；

5—腕部；

6—手部

图 2-17　六轴关节机器人　　　　图 2-18　关节机器人结构

1. 机身的结构及功能

机身是连接、支撑手臂及行走机构的部件，臂部的驱动装置或传动装置安装在机身上，具有升降、回转及俯仰三个自由度。关节机器人主体结构的三个自由度均为回转运动，构成机器人的回转运动、俯仰运动和偏转运动。通常仅把回转运动归结为关节机器人的机身。

2. 臂部的结构及功能

臂部是连接机身和腕部的部件，支撑腕部和手部，带动手部及腕部在空间运动，结构类型多、受力复杂。

臂部由动力型旋转关节、大臂和小臂组成。关节型机器人以臂部各相邻部件的相对角位移为运动坐标。动作灵活、所占空间小、工作范围大，能在狭窄空间内绕过障碍物。

3. 腕部的结构及功能

腕部是臂部和手部的连接件，起支撑手部和改变手部姿态的作用，关节机器人的腕部结构有三种，如图 2-19 所示，在这三种腕部的结构中，以 RBR 型结构应用最为广泛，它适应于各种工作场合，其他两种结构应用范围相对较窄，比如说 3R 型的腕部结构主要应用在喷涂行业等。

1）腕部的自由度

为了使手部能处于空间任意方向，要求腕部能实现对空间三个坐标轴 X、Y、Z 的旋转运动，如图 2-20 所示，这便是腕部运动的三个自由度偏转 Y（Yaw）、俯仰 P（Pitch）和翻转 R（Roll），并不是所有的腕部都必须具备三个自由度，而是根据实际使用的工作性能要求来确定，如图 2-21（a）所示为腕部的翻转，如图 2-21（b）所示为腕部的俯仰，如图 2-21（c）所示为腕部的偏转。

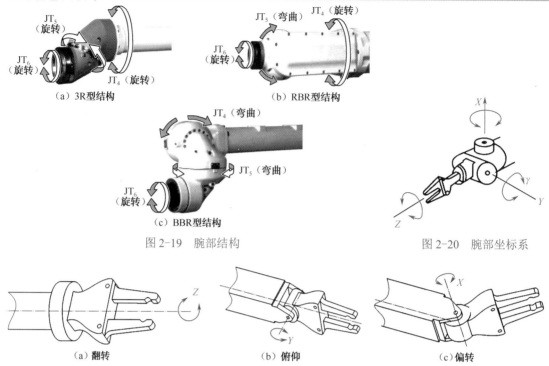

图 2-19 腕部结构   图 2-20 腕部坐标系

图 2-21 腕部自由度

2）腕部的分类

（1） 按自由度分类

① 单自由度腕部。腕部在空间可具有三个自由度，也可以具备以下单一功能：

◆ 单一的翻转功能。腕部的关节轴线与臂部的纵轴线共线，回转角度不受结构限制，可以回转 360°以上。该运动用翻转关节（R 关节）实现，如图 2-22（a）所示。

◆ 单一的俯仰功能。腕部关节轴线与臂部及手部的轴线相互垂直，回转角度受结构限制，通常小于 360°。该运动用折曲关节（B 关节）实现，如图 2-22（b）所示。

◆ 单一的偏转功能。腕部关节轴线与臂部及手部的轴线在另一个方向上相互垂直；转角度受结构限制，通常小于 360°。该运动用折曲关节（B 关节）实现，如图 2-22（c）所示。

（a）翻转关节（翻转）   （b）折曲关节（俯仰）   （c）折曲关节（偏转）

图 2-22 单自由度手腕

② 二自由度腕部，可以由一个 R 关节和一个 B 关节联合构成 BR 关节，如图 2-23（a）所示；或由两个 B 关节组成 BB 关节，如图 2-23（b）所示。但不能由两个 RR 关节构成二

自由度腕部，因为两个R关节的功能是重复的，实际上只起到单自由度的作用，如图2-23（c）所示。

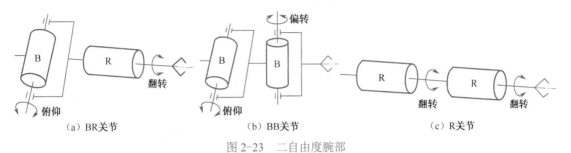

|（a）BR关节 | （b）BB关节 | （c）R关节 |

图 2-23 二自由度腕部

③ 三自由度腕部，由 R 关节和 B 关节的组合构成的三自由度腕部可以有多种形式，实现翻转、俯仰和偏转功能，如图 2-24 所示。

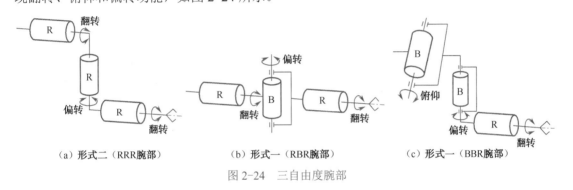

（a）形式二（RRR腕部）　　（b）形式一（RBR腕部）　　（c）形式一（BBR腕部）

图 2-24 三自由度腕部

（2）按腕部的驱动方式分类

① 直接驱动腕部。驱动源直接装在腕部上，如图 2-25 所示。这种直接驱动腕部的关键在于能否设计和加工出尺寸小、质量轻而驱动扭矩大、驱动性能好的驱动电动机或液压电动机。

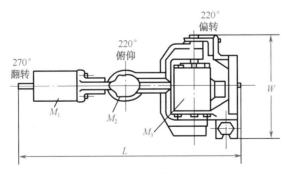

图 2-25 液压直接驱动腕部

② 远距离传动腕部。有时为了保证具有足够大的驱动力，驱动装置又不能做得足够小，同时也为了减轻腕部的质量，采用远距离的驱动方式，可以实现三个自由度的运动，如图 2-26 所示。

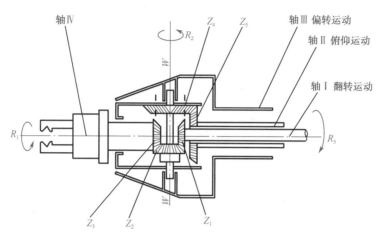

图 2-26　远距离传动腕部

4. 手部的结构及功能

工业机器人的手部也称末端执行器，由驱动机构、传动机构和手指三部分组成，是一个独立的部件，具有通用性，可用于多种类型的机器人（如直角坐标机器人、圆柱坐标机器人、球（极）坐标机器人、关节坐标机器人等）。工业机器人的手部可直接安装在工业机器人的腕部上用于夹持工件或让工具按照规定的程序完成指定的工作，其对整个机器人完成任务的好坏起着关键的作用，直接关系着夹持工件时的定位精度、夹持力的大小等。另外，工业机器人的手部通常采用专用装置，一种手爪往往只能抓住一种或几种在形状、尺寸、质量等方面相近的工件。

工业机器人手部结构按照手部的用途和结构不同，可分为机械式夹持器、吸附式执行器和专用工具（如焊枪、喷嘴、电磨头等）三类。

1）机械式夹持器

机械式夹持器按照夹取东西的方式不同，分为内撑式夹持器（如图 2-27 所示）和外夹式夹持器（如图 2-28 所示）两种，两者夹持部位不同，手爪动作的方向相反。

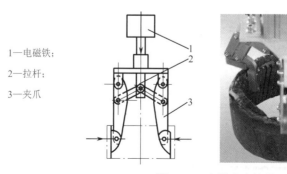

1—电磁铁；
2—拉杆；
3—夹爪

图 2-27　内撑式夹持器

1—扇形齿轮；

2—齿条；

3—活塞；

4—气缸；

5—夹爪

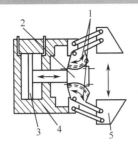

图 2-28　外夹式夹持器

2）吸附式执行器

吸附式执行器是目前应用较多的一种执行器，特别是用于搬运机器人。该类执行器可分为气吸式执行器和磁吸式执行器两类。

（1）气吸式执行器

① 结构组成：主要由吸盘（一个或几个）、吸盘架及进/排气系统组成。

② 特点及应用：具有结构简单、质量轻、使用方便可靠等优点。广泛应用于非金属材料（如板材、纸张、玻璃等物体）或无剩磁材料的吸附。气吸式手部的另一个特点是对工件表面没有损伤，且对被吸附工件预定的位置精度要求不高；但要求工件上与吸盘接触部位光滑平整、清洁，被吸工件材质致密，没有透气空隙。

③ 工作原理：气吸式手部是利用吸盘内的压力与大气压之间的压力差而工作的。按形成压力差的方法，可分为真空气吸（如图 2-29（a）所示）、喷气式负压气吸（如图 2-29（b）所示）、挤压排气负压气吸（如图 2-29（c）所示）。

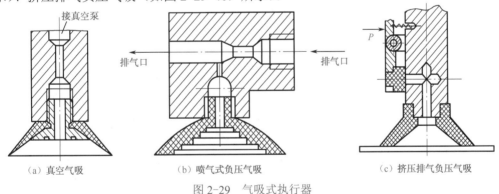

（a）真空气吸　　　　　（b）喷气式负压气吸　　　　　（c）挤压排气负压气吸

图 2-29　气吸式执行器

（2）磁吸式执行器

① 结构组成：主要由磁盘、防尘盖、线圈、壳体等组成。

② 特点及应用：磁吸式取料手是利用电磁铁通电后产生的电磁吸力取料，因此只能对铁磁物体起作用。另外，对某些不允许有剩磁的零件要禁止使用。所以，磁吸式取料手的使用有一定的局限性。

③ 工作原理：磁吸式执行器是在腕部装上电磁铁，通过电磁吸力把工件吸住。

夹持工件过程：线圈通电→空气间隙的存在→线圈产生大的电感和启动电流→周围产生磁场（通电导体一定会在周围产生磁场）→吸附工件。

放开工件过程：线圈断电→磁吸力消失→工件落位。

3）专用工具

机器人是一种通用性很强的自动化设备，可根据作业要求完成各种动作，再配上各种专用的末端执行器后，就能完成各种动作。

例如，在通用机器人上安装焊枪就成为一台焊接机器人，安装拧螺母机则成为一台装配机器人。目前有许多由专用电动、气动工具改型而成的操作器，如图 2-30 所示，有拧螺母机、焊枪、电磨头、电铣头、抛光头、激光切割机等。形成的一整套系列供用户选用，使机器人能胜任各种工作。

1—气路接口；

2—定位销；

3—电接头；

4—电磁吸盘

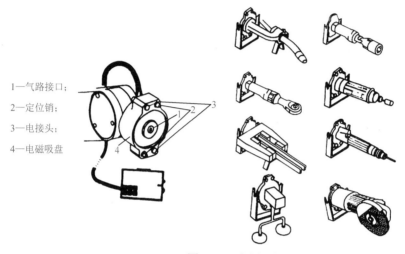

图 2-30　专用工具

2.2.3　减速器

在工业机器人中，减速器是连接机器人动力源和执行机构的中间装置，是保证工业机器人实现到达目标位置的精确度的核心部件。通过合理的选用减速器，可精确地将机器人动力源转速降到工业机器人各部位所需要的速度。与通用减速器相比，应用于机器人关节处的减速器应当具有传动链短、体积小、功率大、质量轻和易于控制等特点。

目前应用于工业机器人的减速器产品主要有 3 类，分别是谐波减速器、RV 减速器和摆线针轮减速器，其中关节机器人主要采用谐波减速器和 RV 减速器。在关节型机器人中，由于 RV 减速器具有更高的刚度和回转精度，一般将 RV 减速器放置在机座、大臂、肩部等重负载的位置，而将谐波减速器放置在小臂、腕部或手部等轻负载的位置。

1. 谐波减速器

谐波减速器是利用行星齿轮传动原理发展起来的一种新型减速器，是依靠柔性零件产生弹性机械波来传递动力和运动的一种行星齿轮传动。由固定的内齿刚轮、柔轮和使柔轮发生径向变形的波发生器三个基本构件组成。与普通齿轮传动相比，具有精度高、承载力高、效率高、体积小，质量轻，结构简单等特点。使该减速器广泛用于航空、航天、工业机器人、机床微量进给、通信设备、纺织机械、化纤机械、造纸机械、差动机构、印刷机械、食品机械和医疗器械等领域。

1）谐波减速器的特点

（1）结构简单、体积小、质量轻。谐波减速器主要由波发生器、柔轮、刚轮组成。它与传动比相当的普通减速器比较，体积和质量均减少 1/3 左右或更多。

（2）传动比范围大。单级谐波减速器传动比可在 50～300 之间，优选在 75～250 之间；双级谐波减速器传动比可在 3 000～60 000 之间；复波谐波减速器传动比可在 200～140 000 之间。

（3）同时啮合的齿数多，传动精度高，承载能力大。

（4）运动平稳、无冲击、噪声小。谐波减速器齿轮间的啮入、啮出是随着柔轮的变形，逐渐进入和逐渐退出刚轮齿间的，啮合过程中以齿面接触，滑移速度小，且无突然变化。

（5）传动效率高，可实现高增速运动。

（6）可实现差速传动。由于谐波齿轮传动的三个基本构件中，可以任意两个主动、第三个从动，因此如果让波发生器、刚轮主动、柔轮从动，就可以构成一个差动传动机构，从而方便实现快、慢速工作状况的转换。

2）谐波减速器的结构

如图 2-31 所示，谐波减速器由具有内齿的刚轮、具有外齿的柔轮和波发生器组成。通常波发生器为主动件，而刚轮和柔轮之一为从动件，另一个为固定件。

刚轮

柔轮

波发生器

图 2-31　谐波减速器结构图

（1）波发生器。波发生器与输入轴相连，对柔轮齿圈的变形起产生和控制的作用。它由一个椭圆形凸轮和一个薄壁的柔性轴承组成。柔性轴承不同于普通轴承，它的外环很薄，容易产生径向变形，在未装入凸轮之前环是圆形的，装上之后为椭圆形。

（2）柔轮。柔轮有薄壁杯形、薄壁圆筒形或平嵌式等多种。薄壁圆筒形柔轮的开口端外面有齿圈，它随波发生器的转动而变形，筒底部分与输出轴连接。

（3）刚轮。它是一个刚性的内齿轮。双波谐波传动的刚轮通常比柔轮多两齿。谐波齿轮减速器多以刚轮固定，外部与箱体连接。

3）谐波减速器传动原理

波发生器通常成椭圆形的凸轮，将凸轮装入薄壁轴承内，再将它们装入柔轮内。此时柔轮由原来的圆形变成椭圆形，椭圆长轴两端的柔轮与刚轮轮齿完全啮合，形成啮合区（一般有30%左右的齿处在啮合状态）；椭圆短轴两端的柔轮齿与刚轮齿处于完全脱开。在波发生器长轴和短轴之间的柔轮齿，沿柔轮周长的不同区段内，有的逐渐退出刚轮齿间，处在半脱开状态，称为啮出；有的逐渐进入刚轮齿间，处在半啮合状态，称为啮入。

波发生器在柔轮内转动时，迫使柔轮产生连续的弹性变形，波发生器的连续转动，使柔轮齿循环往复的进行啮入→啮合→啮出→脱开这四种状态，不断改变各自原来的啮合状态，如图 2-32 所示。这种现象称错齿运动，正是这一错齿运动，使减速器将输入的高速转动变为输出的低速转动。

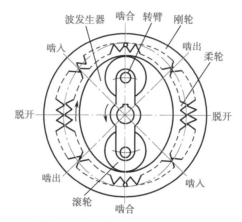

图 2-32 谐波减速器传动原理图

4）单级谐波齿轮常见的传动形式和应用

单级谐波齿轮常见的传动形式如图 2-33 所示。

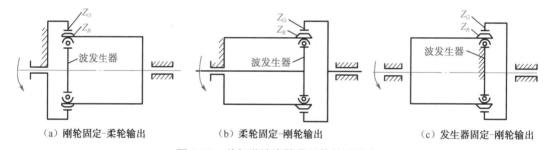

（a）刚轮固定-柔轮输出　　　（b）柔轮固定-刚轮输出　　　（c）发生器固定-刚轮输出

图 2-33 单级谐波齿轮常见的传动形式

（1）刚轮固定-柔轮输出

刚轮固定不变，以波发生器为主动件，柔轮为从动件，如图 2-33（a）所示。该输出形式结构简单、传动比范围较大、效率较高、应用广泛，i=75～500，其传动比的计算公式如下：

$$i_{HR}^{G} = \frac{Z_R}{Z_G - Z_R} \tag{2-3}$$

式中，Z_G——刚轮齿数；

　　　Z_R——柔轮齿数；

　　　i_{HR}^{G}——刚轮固定、柔轮输出的传动比。

（2）柔轮固定-刚轮输出

波发生器主动，单级减速，如图 2-33（b）所示。该输出形式结构简单、传动比范围较

大、效率较高，可用于中小型减速器，$i=75\sim500$，其传动比的计算公式如下：

$$i_{HG}^{R} = \frac{Z_{G}}{Z_{G} - Z_{R}} \tag{2-4}$$

式中，Z_{G}——刚轮齿数；

$\quad\quad Z_{R}$——柔轮齿数；

$\quad\quad i_{HG}^{R}$——柔轮固定、刚轮输出的传动比。

（3）波发生器固定-刚轮输出

柔轮主动，单级微小减速，如图 2-33（c）所示。该输出形式传动比准确，适用于高精度微调传动装置，$i=1.002\sim1.015$，其传动比的计算公式如下：

$$i_{RG}^{H} = \frac{Z_{G}}{Z_{R}} \tag{2-5}$$

式中，Z_{G}——刚轮齿数；

$\quad\quad Z_{R}$——柔轮齿数；

$\quad\quad i_{RG}^{H}$——波发生器固定、刚轮输出的传动比。

2．RV 减速器

RV 减速器的传动装置采用的是一种新型的二级封闭行星轮系，是在摆线针轮传动基础上发展起来的一种新型传动装置，不仅克服了一般针摆传动的缺点，而且因为具有体积小、质量轻、传动比范围大、寿命长、精度保持稳定、效率高、传动平稳等一系列优点，日益受到国内外的广泛关注，在机器人领域占有主导地位。RV 减速器与机器人中常用的谐波减速器相比，具有较高的疲劳强度、刚度和寿命，而且回差精度稳定，不像谐波减速器那样随着使用时间增长，运动精度显著降低，因此世界上许多高精度机器人传动装置多采用 RV 减速器。

1）RV 减速器的特点

（1）传动比范围大，传动效率高。

（2）扭转刚度大，远大于一般摆线针轮减速器的输出机构。

（3）在额定转矩下，弹性回差小。

（4）传递同样转矩与功率时，RV 减速器较其他减速器体积小。

2）RV 减速器的结构

如图 2-34 所示，RV 减速器主要由齿轮轴、行星轮、曲柄轴、摆线轮、针轮、刚性盘和输出盘等结构组成。

（1）齿轮轴。齿轮轴又称为渐开线中心轮，用来传递输入功率，且与渐开线行星轮互相啮合。

（2）行星轮。与曲柄轴固连，均匀分布在一个圆周上，起功率分流的作用，将齿轮轴输入的功率分流传递给摆线轮行星机构。

（3）曲柄轴。曲柄轴是摆线轮的旋转轴。它的一端与行星轮相连接，另一端与支撑圆盘相连接。既可以带动摆线轮产生公转，也可以使摆线轮产生自转。

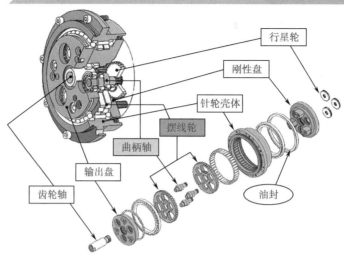

图 2-34 RV 减速器结构图

（4）摆线轮。为了在传动机构中实现径向力的平衡，一般要在曲柄轴上安装两个完全相同的摆线轮，且两摆线轮的偏心位置相互成 180°。

（5）针轮。针轮上安装有多个针齿，与壳体固连在一起统称为针轮壳体。

（6）刚性盘。刚性盘是动力传动机构，其上均匀分布轴承孔，曲柄轴的输出端通过轴承安装在这个刚性盘上。

（7）输出盘。输出盘是减速器与外界从动工作机相连接的构件，与刚性盘相互连接成为一体，输出运动或动力。

3）RV 减速器的传动原理

如图 2-35 所示为 RV 传动简图。RV 传动装置是由第一级渐开线圆柱齿轮行星减速机构和第二级摆线针轮行星减速机构两部分组成。渐开线行星轮 2 与曲柄轴 3 连成一体，作为摆线针轮传动部分的输入。如果渐开线中心轮 1 顺时针方向旋转，那么渐开线行星齿轮在公转的同时还进行逆时针方向自转，并通过曲柄轴带动摆线轮进行偏心运动，此时摆线轮在其轴线公转的同时，还将在针齿的作用下反向自转，即顺时针转动。同时通过曲柄轴将摆线轮的转动等速传给输出机构。

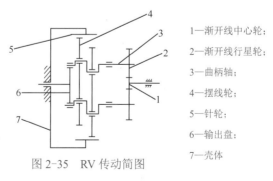

1—渐开线中心轮；

2—渐开线行星轮；

3—曲柄轴；

4—摆线轮；

5—针轮；

6—输出盘；

7—壳体

图 2-35 RV 传动简图

4）RV 减速器的传动过程

（1）第一级减速的形成：执行电动机的旋转运动由齿轮轴传递给两个渐开线行星轮，

进行第一级减速。

（2）第二级减速的形成：行星轮的旋转通过曲柄轴带动相距 180° 的摆线轮，从而生成摆线轮的公转；同时由于摆线轮在公转过程中会受到固定于针齿壳上的针齿的作用力而形成与摆线轮公转方向相反的力矩，也造就了摆线轮的自转运动，这样完成了第二级减速。

（3）运动的输出通过两个曲柄轴使摆线轮与刚性盘构成平行四边形的等角速度输出机构，将摆线轮的转动等速传递给刚性盘及输出盘。

实训 2　操作焊接机器人进行简单的运动

1. 实训内容

结合机器人的控制系统、驱动系统、执行机构，以及关节机器人的结构，引导学生认识焊接机器人控制系统、驱动系统、各部分结构及功能。调整焊接机器人各参数，操作焊接机器人进行简单的运动，引导学生认识焊接机器人各结构、各关节的运动情况，结合关节机器人的自由度，观察机器人臂部、腕部和手部的运动。

2. 实训目的

（1）了解焊接机器人机身、臂部、腕部及手部等各部分的结构特点。

（2）理解这些结构的运动特性、工作原理及如何构成一个完整复杂的运动系统，以及彼此间的运动关系。

（3）理解和认识焊接机器人的驱动系统、控制系统、执行结构，将理论知识在实际操作中得到巩固和完善。

3. 实训步骤

（1）对本章知识点进行回顾。

（2）做实验前期准备，讲解安全知识和注意事项，对本章与该实验相关的知识点进行回顾。

（3）采用引导法引导学生认识机器人各结构。

（4）设定机器人各参数，操作机器人简单运动，让学生观察机器人各结构的运动情况。

（5）在教师的指导下，让学生操作机器人运动到指定位置处。

拓展与提高 2　直角坐标机器人

1. 直角坐标机器人的概念

直角坐标机器人是以 X、Y、Z 直角坐标系为基本数学模型，单维直线运动单元为基础，搭建出空间多自由度、多方向成空间直角关系的运动机构，可以在 X、Y、Z 三维坐标系中遵循可控的运动轨迹，到达任意一点，其工作空间图形为长方形或长方体的操作机。可以完成沿着 X、Y、Z 轴上的线性运动，如图 2-36 所示。

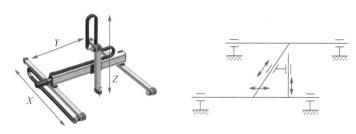

图 2-36 直角坐标机器人

直角坐标机器人采用运动控制系统实现对其的驱动及编程控制，直线、曲线等运动轨迹的生成为多点插补方式，操作及编程方式为引导示教编程方式或坐标定位方式。

2. 直角坐标机器人的特点

（1）各轴间的空间夹角为直角。
（2）自动控制，可实现重复编程。
（3）应用场合灵活，因操作工具的不同功能也不同。
（4）采用伺服系统驱动，定位精准、可靠性高。
（5）可在恶劣的环境下长期工作，便于操作维修。
（6）体积较大，动作范围相对较小，操作灵活性较差。

3. 直角坐标机器人的应用和分类

1）应用

因末端操作工具的不同，直角坐标机器人可以非常方便地用作各种自动化设备，完成如焊接、搬运、上下料、包装、码垛、拆垛、检测、探伤、分类、装配、贴标、喷码、打码、（软仿型）喷涂、目标跟随、排爆等一系列工作。特别适用于多品种、大批量的柔性化作业，对于稳定提高产品质量，提高劳动生产率，改善劳动条件和产品的快速更新换代起着十分重要的作用。

2）分类

（1）按用途分为焊接机器人、码垛机器人、涂胶（点胶）机器人、检测（监测）机器人、分拣机器人、装配机器人、排爆机器人、医疗机器人、特种机器人等。
（2）按结构形式分为壁挂（悬臂）机器人、龙门机器人、倒挂机器人等。
（3）按自由度分为两坐标机器人、三坐标机器人、四坐标机器人、五坐标机器人、六坐标机器人。

本章小结

工业机器人是具有高度灵活性的自动化机器，其中工业机器人的结构是机器人的研究基础。因此，将机器人结构引入本章，为机器人后续内容的学习做一个基础铺垫。

工业机器人的机械部分是机器人的重要部分，通常用自由度、工作空间、额定负载、定位精度、重复精度和最大工作速度等技术指标来描述机器人的性能，本章着重从自由度、工作空间两方面进行了详细介绍。

　　工业机器人按照机构特点分为直角坐标机器人、圆柱坐标机器人、球（极）坐标机器人和关节机器人。其中，关节坐标机器人由于其具有灵活度和广阔的工作空间，被企业广泛应用。关节机器人的机身采用 360°回转，增大了机器人工作的水平范围；臂部和腕部设计上仿照了人类手臂和手腕的特征，增大了工作的灵活性。另外，工业机器人的腕关节与末端执行器的接口处采用了标准接口，使得机器人的手部具有通用性。减速器作为关节机器人关节处运动的核心部件，可将电动机的速度降到控制机器人各关节所需要的速度。RV减速器和谐波减速器由于其自身结构和工作原理的特点，在关节机器人中被广泛应用。由于 RV 减速器具有更高的刚度和回转精度，一般将 RV 减速器放置在机座、大臂、肩部等重负载的位置，而将谐波减速器放置在小臂、腕部或手部等轻负载的位置。

思考与练习题 2

1. 填空题

（1）工业机器人的坐标系包括：基坐标系、_____、工具坐标系及_____。

（2）吸式执行器可分_____和_____两类。

（3）关节机器人的机械结构由四大部分构成：_____、臂部、_____和手部。

（4）按照手部用途和结构的不同可分为_____、_____和_____（如焊枪、喷嘴、电磨头等）三类。

（5）工业机器人的手部也称_____，由驱动机构、_____和手指三部分组成，是一个独立的部件，具有通用性。

（6）工业机器人中常用的减速器有_____、_____和摆线针轮减速器。

2. 选择题

（1）依据压力差的不同，可将气吸附式执行器分为（　　　　）。
　　① 真空气吸　　② 喷气式负压气吸　　　　　　③ 挤压排气负压气吸
　　A．①②　　　　B．①③　　　　　C．②③　　　　D．①②③

（2）SCARA 平面关节机器人自由度是（　　　　）。
　　A．3 个　　　　B．4 个　　　　　C．5 个　　　　D．6 个

（3）手部的位姿是由哪两部分变量构成？（　　　　）。
　　A．位姿与速度　　　　　　　　B．姿态与位置
　　C．位置与运行状态　　　　　　D．姿态与速度

（4）工业机器人中（　　　　）是连接机身和手腕的部件。
　　A．机身　　　　B．手臂　　　　　C．腕部　　　　D．手部

（5）如图 2-37 所示为（　　　　）的腕部结构。
　　A．BBR 型　　　B．RBR 型　　　　C．BRB 型　　　D．R 型

图 2-37

3. 简答与分析题

（1）描述六轴关节机器人的自由度。

（2）描述一下什么是 3R 手腕？

（3）简述磁吸附的工作原理。

（4）简述 RV 减速器的工作原理。

第 **3** 章

工业机器人的传感器及其应用

导读

传感器是新技术革命和信息社会的重要技术基础，是现代科技的开路先锋。传感器在机器人构成中占据重要地位，是决定机器人性能水平的关键。机器人传感器与大量使用的工业检测传感器不同，对传感器信息的种类和智能化处理的要求更高。无论研究与产业化，均需要由多种学科专门技术和先进的工艺装备作为支撑。今后工业机器人能发展到何种程度，传感器将是重要关键之一。本章主要介绍工业机器人的传感器分类、性能指标，内部传感器、外部传感器及其用途和多传感器的融合。

知识目标

（1）了解机器人传感器的种类和性能指标及其使用要求。

（2）掌握机器人的内部传感器和外部传感器的区别和各自的功能、应用。

能力目标

（1）认识工业机器人常用的传感器。

（2）学会根据工业机器人使用要求、场合，选用合适的传感器。

（3）会分析常见工业机器人传感器系统。

3.1 工业机器人传感器的种类与选择

3.1.1 工业机器人传感器的种类

传感器是一种以一定精度将被测量转换为与之有确定对应关系、易于精确处理和测量的某种物理量的测量部件或装置。完整的传感器应包括敏感元件、转化元件、基本转化电路三个基本部分。

敏感元件将某种不便测量的物理量转化为易于测量的物理量，与转化元件一起构成传感器的核心部分。

基本转化电路将敏感元件产生的易于测量的信号进行变换，使传感器的信号输出符合工业系统的要求。

机器人传感器按用途可分为外部传感器和内部传感器。

外部传感器，如视觉、触觉、力觉、距离等传感器，是为了检测作业对象及环境与机器人的联系。

内部传感器安装在操作机上，包括位移、速度、加速度等传感器，是为了检测机器人内部状态。

机器人传感器的分类参见表 3-1。

表 3-1　机器人传感器的分类、功能和应用

分类	类　别		功　能	应　用
机器人外部传感器	视觉	单点视觉 线阵视觉 平面视觉 立体视觉	检测外部状况，如作业环境中对象或障碍物状态以及机器人与环境的相互作用等信息，使机器人适应外界环境的变化	对被测量定向，定位； 目标分类与识别； 控制操作； 抓取物体； 检查产品质量； 适应环境变化； 修改程序等
	非视觉	接近（距离）觉 听觉 力觉 触觉 滑觉 压觉		
机器人内部传感器	位置 速度 加速度 力 温度 平衡 姿态（倾斜）角 异常		检测机器人自身状态，如自身的运动、位置和姿态等信息	控制机器人按规定的位置、轨迹、速度、加速度和受力状态下工作

3.1.2　工业机器人传感器的性能指标

基本参数：量程（测量范围，量程及过载能力）、灵敏度、静态精度和动态精度（频率特性和阶跃特性）。

环境参数：温度、振动冲击及其他参数（潮湿、腐蚀及抗电磁干扰）。

使用条件：电源、尺寸、安装方式、电信号接口及校准周期等。

下面介绍一些常见的、重要的性能指标。

1.　灵敏度

灵敏度是指传感器的输出信号达到稳定时，输出信号变化 Δy 与输入信号变化 Δx 的比值。

假设传感器的输出和输入成线性关系，其灵敏度 S 可表示为

$$S = \frac{\Delta y}{\Delta x} \tag{3-1}$$

假设传感器的输出与输入成非线性关系，其灵敏度为曲线的导数，即

$$S = \frac{\mathrm{d}y}{\mathrm{d}x} \tag{3-2}$$

传感器的灵敏度越大，传感器输出的信号精确度越高，线性程度越好。但是过高的灵敏度有时会导致传感器的输出稳定性下降，所以应该根据机器人的要求选择适中的灵敏度。

2.　线性度

线性度反映传感器输出信号与输入信号之间的线性程度。

假设传感器的输出信号为 y，输入信号为 x，则 y 与 x 的关系为

$$y=bx \tag{3-3}$$

机器人控制系统应该选用线性度较高的传感器。

3.　精度

传感器的精度是指传感器的测量输出值与实际被测量值之间的误差。在机器人系统设计中，应该根据系统的工作精度要求选择合适的精度。

4.　重复性

重复性是指传感器在其输入信号按同一方式进行全量程连续多次测量时，相应测量结果的变化程度。对于多数传感器来说，重复性指标优于精度指标。这些传感器的精度指标不一定很高，但只要它的温度、湿度、受力条件和其他参数不变，传感器的测量结果也没有较大的变化。同样，传感器重复性也应考虑使用条件和测量方法的问题。

5.　分辨性

分辨率是指传感器在整个测量范围内所能辨别的被测量的最小变化量，或者所能辨别的不同被测量的个数。

无论是示教再现型机器人，还是可编程型机器人，大多对传感器的分辨率有一定的要求。传感器的分辨率直接影响机器人的可控程度和控制品质。一般需要根据机器人的工作任务规定传感器分辨的最低限度要求。

6. 响应时间

响应时间是传感器的动态特性指标，是指传感器的输入信号变化后，其输出信号变化一个稳定值所需要的时间。在某些传感器中，输出信号在达到某一稳定值以前会发生短时间的振荡。

7. 抗干扰能力

由于传感器输出信号的稳定是控制系统稳定工作的前提，为防止机器人系统的意外动作或故障的发生，传感器系统设计必须采用可靠性设计技术，通常这个指标通过单位时间内发生故障的概率来定义，因此是一个统计指标。

3.1.3　工业机器人传感器类型的选择

一般根据工业机器人使用要求、使用场合的不同，选择不同的传感器。

1. 根据机器人对传感器的需求来选择

机器人对传感器的一般要求是：
（1）精度高，重复性好。
（2）稳定性好，可靠性高。
（3）抗干扰能力强。
（4）质量轻，体积小，安装方便可靠。
（5）价格便宜。

2. 根据加工任务的要求来选择

在现代工业中，机器人被用于执行各种加工任务，其中比较常见的加工任务有物料搬运、装配、喷漆、焊接、检验等。不同的加工任务对机器人提出不同的要求。

3. 根据机器人控制的要求来选择

例如，机器人控制需要采用传感器检测机器人的运动位置、速度、加速度等。
另外，根据辅助工作要求（如产品检验）和工件的准备来选择；根据安全方面的要求来选择。

3.2　常用工业机器人的传感器

3.2.1　工业机器人的内部传感器

工业机器人根据具体用途不同可以选择不同的控制方式，如位置控制、速度控制

及力控制等。在这些控制方式中，机器人所应具有的基本传感器单元是位置和速度传感器。

机器人控制系统的基本单元是机器人的关节位置、速度控制，因此用于检测关节位置和速度的传感器也成为机器人关节组件中基本单元。

1. 位置传感器

位置控制是机器人最基本的控制要求，而位置和位移的测量也是机器人最基本的感觉要求。

根据其工作原理和组成的不同有多种形式。常见的有电阻式、电容式、电感式位移传感器及编码式位移传感器、霍尔元件位移传感器、光栅式位移传感器等。

1）编码式位移传感器

编码式位移传感器是一种数字位移传感器，其测量输出的信号为数字脉冲信号，可以测量直线位移，也可以测转角。

编码式位移传感器测量范围大，检测精度高，一般把该传感器安装在机器人的各关节轴上，用来测量各关节轴的旋转角度。

按照测量结果是绝对信号还是增量信号，可分为绝对式编码器和增量式编码器。

按照结构及信号转化方式，又可分为光电式、接触式及电磁式等。目前机器人中较为常用的是光电式编码器。

（1）绝对式光电编码器

绝对式编码器是一种直接编码式的测量元件。它可以直接把被测转角或位移转化成相应的代码，指示的是绝对位置而无绝对误差，在电源切断时不会失去位置信息。但其结构复杂，价格昂贵，且不易做到高精度和高分辨率。编码盘以一定的编码形式（如二进制编码等）将圆盘分成若干等份，利用光电原理把代表被测位置的各等份上的数码转化成电信号输出以用于检测。

如图 3-1 所示为四位二进制编码盘，图中空白部分是透光的，用"0"来表示；涂黑的部分是不透光的，用"1"来表示。通常将组成编码的圈称为码道，每个码道表示一位二进制数。编码盘由多个同心的码道组成，与码道个数相同的光电器件分别与各自对应的码道对准并沿编码盘的半径直线排列，通过这些光电器件的检测可以产生绝对位置的二进制码。绝对式编码器对于转轴的每一个位置均产生唯一的二进制编码，因此，可用于确定绝对位置。绝对位置的分辨率取决于二进制编码的位数，即码道的个数。

使用二进制编码盘时，当编码盘在其两个相邻位置的边缘交替或来回摆动时，由于制造精度和安装质量误差或光电器件的排列误差将产生编码数据的大幅跳动，导致位置显示和控制失常。

现在常用图 3-2 所示的循环码编码盘。循环码又称格雷码，真值与其码值及二进制码值的对照参见表 3-2。循环码是非加权，其特点是相邻两个代码间只有一位数变化，即 0 变 1，或 1 变 0。如果在连续的两个数码中发现数码变化超过一位，就认为是非法的数码，因而格雷码具有一定的纠错能力。

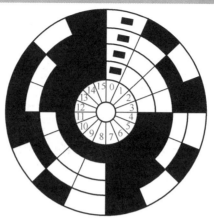

图 3-1　四位二进制码编码盘

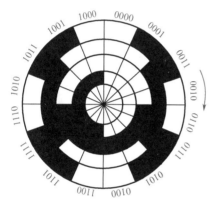

图 3-2　循环码（格雷码）编码盘

表 3-2　格雷码与二进制码的对照表

真值	格雷码	二进制码	真值	格雷码	二进制码
0	0000	0000	8	1100	1000
1	0001	0001	9	1101	1001
2	0011	0010	10	1111	1010
3	0010	0011	11	1110	1011
4	0110	0100	12	1010	1100
5	0111	0101	13	1011	1101
6	0101	0110	14	1001	1110
7	0100	0111	15	1000	1111

格雷码实质上是二进制码的另一种数值形式，是对二进制码的一种加密处理。格雷码经过解密就可以转化为二进制码，实际上也只有解密成二进制码才能得到真正的位置信息。格雷码的解密可以通过硬件解密器或软件解密来实现。光电编码器的性能主要取决于编码盘中光电敏感元件的质量及光源的性能。一般要求光源具有较好的可靠性及环境的适应性，且光源的光谱与光电敏感元件相匹配。如果需提高信号的输出强度，输出端还可以接电压放大器。为了减少光噪声的污染，在光通路中还应加上透镜和狭缝装置。透镜使光源发出的光聚焦成平行光束，狭缝宽度要保证所有轨道的光电敏感元件的敏感区均处于狭缝内。

（2）增量式光电编码器

增量式光电编码器能够以数字形式测量出转轴相对于某一基准位置的瞬间角位置，另外还能测出转轴的转速和转向，其结构及工作原理如图 3-3 所示，编码器的编码盘有三个同心光栅，分别称为 A 相、B 相和 C 相光栅。

根据 A 相、B 相任何一光栅输出脉冲数值的大小就可以确定编码盘的相对转角；根据输出脉冲的频率可以确定编码盘的转速；采用适当的逻辑电路，根据 A 相、B 相输出脉冲的相序就可以确定编码盘的旋转方向。A 相、B 相两相光栅为工作信号，C 相为标志信号，编码盘每旋转一周，标志信号发出一个脉冲，它用来作为同步信号。增量式光电编码器没有接

触磨损，允许高转速，精度及可靠性好，但结构复杂，安装困难，在机器人的关节转轴上

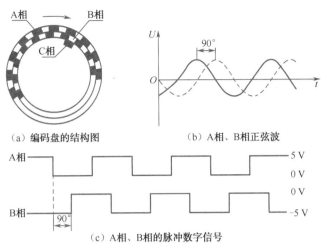

（a）编码盘的结构图　　　　（b）A相、B相正弦波

（c）A相、B相的脉冲数字信号

图 3-3　增量式光电编码器工作原理图及输出波形

装有增量式光电编码器，可测量出转轴的相对位置，但不能确定机器人转轴的绝对位置，所以这种光电编码器一般用于定位精度要求不高的机器人。目前已出现包含绝对式和增量式两种类型的混合式编码器。使用这种编码器时，使用绝对式确定机器人的绝对位置，确定由初始位置开始的变动角的精确位置则使用增量式。

2）电位器式位移传感器

电位器式位移传感器主要由电位器和滑动触点组成，通过触点的滑动改变电位器的阻值来测量信号的大小。

该传感器的优点：结构简单，性能稳定可靠，精度高。可以在一定程度上较方便地选择其输出信号范围，且测量过程中断电或发生故障时，输出信号能得到保持而不会自动丢失。

（1）角位移测量，如图 3-4 所示，输入信号（角度 θ）与输出信号（电压 V）成线性关系。这种弧形电阻最大的测量角度为 360°。

（2）线位移测量，如图 3-5 所示。

优点　结构简单，性能稳定可靠，精度高。可以在一定程度上较方便地选择其输出信号范围，且测量过程中断电或发生故障时，输出信号能得到保持而不会自动丢失。

缺点　滑动触点容易磨损。

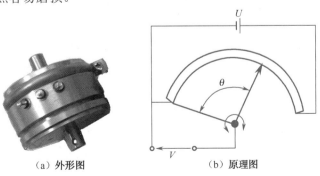

（a）外形图　　　　（b）原理图

图 3-4　旋转型电位器式位移传感器

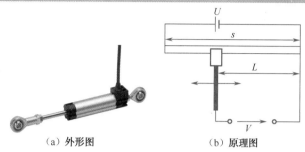

（a）外形图　　　　　　　　　（b）原理图

图 3-5　直线型电位器式位移传感器

2. 速度传感器

速度传感器是机器人中较重要的内部传感器之一。由于在机器人中主要测量机器人关节的运行速度，因此这里仅介绍角速度传感器。目前广泛使用的角速度传感器有测速发电机和增量式光电编码器两种。测速发电机是应用最广泛，能直接得到代表转速的电压，且具有良好实时性的一种速度测量传感器。增量式光电编码器既可以用来测量增量角位移又可以测量瞬时角速度。速度的输出有模拟式和数字式两种。

1）测速发电机

测速发电机是一种模拟式速度传感器。测速发电机实际上是一台小型永磁式直流发电机，其结构原理如图 3-6 所示。其工作原理基于法拉第电磁感应定律，当通过线圈的磁通量恒定时，位于磁场中的线圈旋转使线圈两端产生的电压 u（感应电动势）与线圈（转子）的转速 n 成正比，即

$$U = K \times n（K 是常数）\tag{3-4}$$

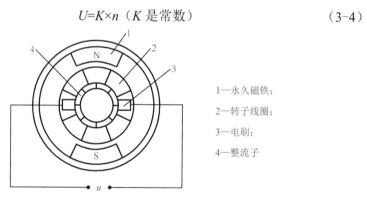

1—永久磁铁；

2—转子线圈；

3—电刷；

4—整流子

图 3-6　直流测速发电机的结构原理

从式（3-4）可以看出，输出电压与转子转速成线性关系。但当直流测速发电机带有负载时，电枢的线圈绕组便会产生电流而使输出电压下降，这样便破坏了输出电压与转速的线性度，使输出特性产生误差。为了减少测量误差，应使负载尽可能小且保持负载性质不变。测速发电机的转子与机器人关节伺服驱动电动机相连就能测出机器人运动过程中的关节转动速度，并能在机器人速度闭环系统中作为速度反馈元件。具有线性度好、灵敏度高、输出信号强的优点。机器人速度伺服控制系统的控制原理如图 3-7 所示。目前检测范围一般为 20～40 r/min，精度为 0.2%～0.5%。

图 3-7　机器人速度伺服控制系统的控制原理

2）增量式光电编码器

增量式光电编码器作为速度传感器时既可以在模拟方式下使用，又可以在数字方式下使用。

（1）模拟方式

在模拟方式下，必须有一个频率/电压（F/V）变换器，用来把编码器测得的脉冲频率转换成与速度成正比的模拟电压，其原理如图 3-8 所示。F/V 变换器必须有良好的零输入、零输出特性和较小的温度漂移才能满足测试要求。

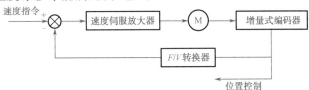

图 3-8　模拟方式的增量式编码盘测速

（2）数字方式

数字方式测速是利用数学方式用计算软件计算出速度。角速度是转角对时间的一阶导数，编码器在时间 Δt 内的平均转速为 $\omega = \Delta\theta / \Delta t$，单位时间越小，则所求得的转速越接近瞬时转速，然而时间太短，编码器通过的脉冲数太少，导致所得到的速度分辨率下降。在实践中通常用以下方法来解决这一问题。

编码器一定时，编码器的每转输出脉冲数就确定，设某一编码器为 1 000 P/r，则编码器连续输出两个脉冲转过的角度 $\Delta\theta = 2 \times 2\pi / 1000$，而转过该角度的时间增量用如图 3-9 所示测量电路测得。测量时利用一高频脉冲源发出连续不断的脉冲，设该脉冲源的周期为 0.1 ms，用一计数器测出编码器发出两个脉冲的时间内高频脉冲源发出的脉冲数。门电路在编码器发出第一个脉冲时开启，发出第二个脉冲时关闭。这样计数器计得的计数值就是时间增量内高频脉冲源发出的脉冲数。设该计数值为 100，则得时间增量为

$$\Delta t = 0.1 \times 100 \text{ ms} = 10 \text{ ms}$$

所以角速度为：

$$\omega = \frac{\Delta\theta}{\Delta t} = \left(\frac{2}{1\,000} \times 2\pi\right)/(10 \times 10^{-3}) \text{ rad/s} = 1.256 \tag{3-5}$$

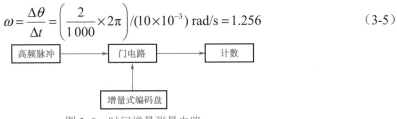

图 3-9　时间增量测量电路

3.2.2　工业机器人的外部传感器

用于检测机器人作业对象及作业环境状态的传感器称为外部传感器。对于智能机器人

来说，外部传感器是不可缺少的；而目前应用于工业生产中的机器人还不是很多，但随着对机器人的工作精度以及其性能要求的不断提高，外部传感器在工业机器人中的应用将日趋增多。目前工业中常用的外部传感器主要有力觉传感器、接近传感器、触觉传感器等。

1. 力觉传感器

力觉传感器又称力或力矩传感器。工业机器人在进行装配、搬运、研磨等作业时需要以工作力或力矩进行控制。另外，机器人在自我保护时也需要检测关节和连杆之间的内力，防止机器人手臂因承载过大或与周围障碍物碰撞而引起的损坏。力或力矩传感器种类很多，常用的有电阻应变片式、压电式、电容式、电感式以及各种外力传感器。力或力矩传感器都是通过弹性敏感元件将被测力或力矩转换成某种位移量或变形量，然后通过各自的敏感介质把位移量或变形量转换成能够输出的电量。

力觉是指对机器人的指、肢和关节等运动中所受力的感知，主要包括腕力、关节力、指力和支座力传感器，是机器人重要的传感器之一。

关节力传感器，测量驱动器本身的输出力和力矩，用于控制中的力反馈。

腕力传感器，测量作用在末端执行器上的各向力和力矩。

指力传感器，测量夹持物体手指的受力情况。

目前使用最广泛的是电阻应变片式力和力矩传感器。这种传感器的力或力矩敏感元件是应变片，装载在铝制筒体上，筒体有 8 个简支梁（弹性梁）支持。

如图 3-10 所示，SRI（Stanford Research Institute）研制的六维腕力传感器，它由一只直径为 75mm 的铝管铣削而成，具有 8 根窄长的弹性梁，每个梁的颈部只传递力，扭矩作用很小。梁的另一头贴有应变片。图中从 P_{x+} 到 Q_y 代表了 8 根应变梁的变形信号的输出。

如图 3-11 所示，日本大和制衡株式会社林纯一研制的腕力传感器。它是一种整体轮辐式结构，传感器在十字梁与轮缘连接处有一个柔性环节（a、b、c、d），在 4 根交叉梁上共贴有 32 个应变片（图中小方块），组成 8 路全桥输出。

如图 3-12 所示，三梁腕力传感器的内圈和外圈分别固定于机器人的手臂和手爪，力沿与内圈相切的三根梁进行传递。每根梁上下、左右各贴一对应变片，3 根梁上共有 6 对应变片，分别组成六组半桥，对这 6 组电桥信号进行解耦可得到六维力（力矩）的精确解。

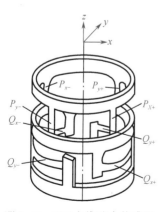

图 3-10　SRI 六维腕力传感器

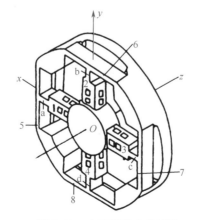

图 3-11　十字梁腕力传感器

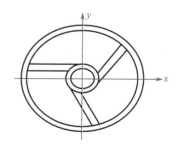

图 3-12　三梁腕力传感器

2. 接近传感器

接近传感器是机器人用来探测机器人自身与周围物体之间相对位置或距离的一种传感器，它探测的距离一般在几毫米到十几厘米之间。接近传感器结构上分为接触型和非接触型两种，其中非接触型接近觉传感器应用较广。

目前按照转换原理的不同接近觉传感器分为电涡流式、光纤式、超声波式及激光扫描式等。

1）电涡流式传感器

导体在一个不均匀的磁场中运动或处于一个交变磁场中时，其内部就会产生感应电流。这种感应电流称为电涡流，这一现象称为电涡流现象，利用这一原理可以制作电涡流传感器。

电涡流传感器的工作原理如图 3-13 所示。由于传感器的电磁场方向与产生的电涡流方向相反，两个磁场相互叠加削弱了传感器的电感和阻抗。用电路把传感器电感和阻抗的变化转换成转换电压，则能计算出目标物与传感器之间的距离。该距离正比于转换电压，但存在一定的线性误差。对于钢或铝等材料的目标物，线性度误差为±0.5%。

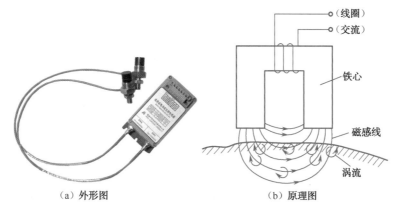

（a）外形图　　　　　　　　　　（b）原理图

图 3-13　电涡流式传感器

这种传感器的优点：外形尺寸小、价格低廉、可靠性高、抗干扰能力强，而且检测精度也高，能够检测到 0.02 mm 的微量位移。

这种传感器的缺点：检测距离短，一般只能测到 13 mm 以内，且只能对固态导体进行检测。

2）光纤式传感器

用光纤制作接近觉传感器可以用来检测机器人与目标物间较远的距离。

这种传感器的优点：抗电磁干扰能力强、灵敏度高、响应快。

光纤式传感器有三种不同的形式，如图 3-14 所示。

第一种为射束中断型光纤传感器，如图 3-14（a）所示，这种传感器只能检测出不透明物体，对透明或半透明的物体无法检测。

第二种为回射型光纤传感器，如图 3-14（b）所示。与第一种类型相比，这一种类型的光纤式传感器可以检测出透光材料制成的物体。

第三种为扩散型光纤传感器，如图 3-14（c）所示。与第二种相比第三种少了回射靶。因为大部分材料都能反射一定量的光，这种类型可检测透光或半透光物体。

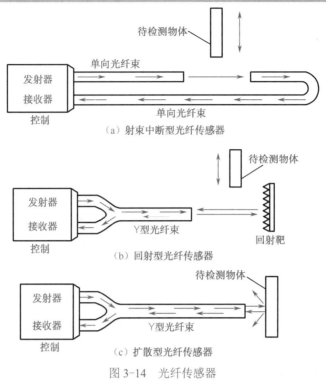

（a）射束中断型光纤传感器

（b）回射型光纤传感器

（c）扩散型光纤传感器

图 3-14 光纤传感器

3）超声波传感器

超声波接近觉传感器超声波测量距离。

超声波传感器的原理图如图 3-15 所示。传感器由一个超声波发射器、一个超声波接收器、定时电路及控制电路组成。待超声波发射器发出脉冲式超声波后关闭发射器，同时打开超声波接收器。该脉冲波到达物体表面后返回到接收器，定时电路测出从发射器发射到接收器接收的时间。设该时间为 T，而声波的传输速度为 V，则被测距离 L 为

$$L=VT/2$$

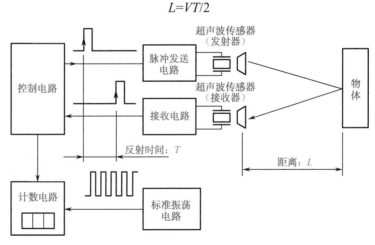

图 3-15 超声波传感器原理图

超声波的传输速度与其波长和频率成正比，只要这两者不变，速度就为常数，但随着环境温度的变化，波速会有一定变化。超声波传感器对于水下机器人的作业非常重要。水下机器人安装超声波传感器后能使其定位精度达到微米级。另外，激光扫描型接近觉传感器的测量原理与超声波传感器类似。

3. 触觉传感器

触觉传感器在机器人中有以下几方面的作用：

（1）感知操作手指与对象物之间的作用力，使手指动作适当。

（2）识别操作物的大小、形状、质量及硬度等。

（3）躲避危险，以防碰撞障碍物引起事故。

（4）机器人中的触觉传感器一般包括压觉、滑觉、接触觉及力觉等。

1）压觉传感器

压觉传感器实际上也是一种触觉传感器，只是它专门对压觉有感知作用。目前压觉传感器主要有如下几种。

（1）压阻效应式压觉传感器。利用某些材料的内阻随压力变化而变化的压阻效应，制成的压阻器件，将它们密集配置成阵列，即可检测压力的分成，如压敏导电橡胶或塑料等。

（2）压电效应式压觉传感器。利用某些材料在压力的作用下，其相应表面上会产生电荷的压电效应制成压电器件，如压电晶体等，将它们制成类似人类的皮肤的压电薄膜，感知外界的压力，其优点是耐腐蚀、频带宽和灵敏度高等，但缺点是无直流响应，不能直接检测静态信号。

（3）集成压敏压觉传感器。利用半导体力敏器件与信号电路构成集成压敏传感器。常用的有三种：压电型（如 ZnO/Si-IC）、电阻型 SIR（硅集成）和电容型 SIC。其优点是体积小、成本低、便于与计算机连用，缺点是耐压负载小、不柔软。

（4）利用压磁传感器。扫描电路和针式差动变压器式触觉传感器构成的压觉传感器。压磁器件具有较强的过载能力，但缺点是体积较大。

如图 3-16 所示是利用半导体技术制成的高密度智能压觉传感器，它是一种很有发展前途的压觉传感器。其中传感元件以压阻式与电容式为最多。虽然压阻式器件比电容式器件的线性好，封装也简单，但是其灵敏度要比电容式器件小一个数量级，温度灵敏度比电容式器件大一个数量级。因此，电容式压觉传感器，特别是硅电容式压觉传感器得到了广泛的应用。

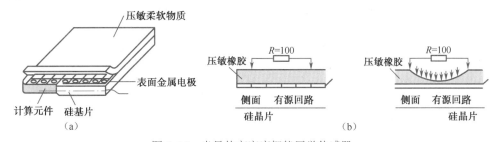

图 3-16 半导体高密度智能压觉传感器

2）滑觉传感器

机器人在抓取不知属性的物体时，其自身应能确定最佳握紧力的给定值。当握紧力不够时，要检测被握紧物体的滑动，利用该检测信号，在不损害物体的前提下，考虑最可靠的夹持方法，实现此功能的传感器称为滑觉传感器。

滑觉传感器有滚动式和球式，还有一种通过振动检测滑觉的传感器。其原理是，物体在传感器表面上滑动时，和滚轮或环相接触，把滑动变成转动。

如图 3-17 所示为滚珠式滑觉传感器，图中的滚球表面是导体和绝缘体配置成的网眼，从物体的接触点可以获取断续的脉冲信号，它能检测全方位的滑动。

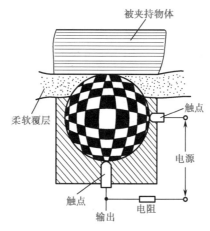

图 3-17　滚珠式滑觉传感器

如图 3-18 所示为滚柱式滑觉传感器结构原理图，滚柱式滑觉传感器是经常使用的一种滑觉传感器。由图可知，当手爪中的物体滑动时，将使滚柱旋转，滚柱带动安装在其中的光电传感器和缝隙圆板而产生脉冲信号。这些信号通过计数电路和 D/A 转换器转换成模拟电压信号，通过反馈系统，构成闭环控制，不断修正握力，达到消除滑动的目的。

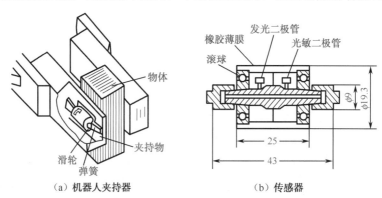

（a）机器人夹持器　　　　　　　　（b）传感器

图 3-18　滚柱式滑觉传感器

目前出现了"人工皮肤"，实际上就是一种超高密度排列的阵列传感器，主要用于表面形状和表面特性的检测。压电材料是另一种有潜力的触觉敏感材料，其原理是利用晶体的压电效应，在晶体上施压时，一定范围内施加的压力与晶体的电阻成比例关系。但是一般晶体的脆性比较大，作为敏感材料时很难制作。目前已有一种聚合物材料具有良好的压电

性，且柔性好，易制作，可望成为新的触觉敏感材料。其他常用敏感材料有半导体应变计，其原理与应变片一样，即应变变形原理。

3.3　多传感器的融合及应用

3.3.1　传感器的融合

系统中使用的传感器种类和数量越来越多，每种传感器都有一定的使用条件和感知范围，并且又能给出环境或对象的部分或整个侧面的信息，为了有效地利用这些传感器信息，需要采用某种形式对传感器信息进行综合、融合处理，不同类型信息的多种形式的处理系统就是传感器融合。传感器的融合技术涉及神经网络、知识工程、模糊理论等信息、检测、控制领域的新理论和新方法。如图 3-19 所示，KUKA 多传感器信息融合自主移动机器人。

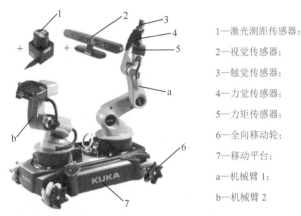

1—激光测距传感器；

2—视觉传感器；

3—触觉传感器；

4—力觉传感器；

5—力矩传感器；

6—全向移动轮；

7—移动平台；

a—机械臂 1；

b—机械臂 2

图 3-19　KUKA 多传感器信息融合自主移动机器人

传感器汇集类型有多种，现举两种例子。

1. 竞争性的

在传感器检测同一环境或同一物体的同一性质时，传感器提供的数据可能是一致的，也可能是矛盾的。若有矛盾，就需要系统裁决。裁决的方法有多种，如加权平均法、决策法等。在一个导航系统中，车辆位置的确定可以通过计算法定位系统（利用速度、方向等记录数据进行计算）或陆标（如交叉路口、人行道等参照物）观测确定。若陆标观测成功，则用陆标观测的结果，并对计算法的值进行修正，否则利用计算法所得的结果。

2. 互补性的

传感器提供不同形式的数据。例如，识别三维物体的任务就说明这种类型的融合。利用彩色摄像机和激光测距仪确定一段阶梯道路，彩色摄像机提供图像（如颜色、特征），而激光测距仪提供距离信息，两者融合即可获得三维信息。

目前，要使多传感器信息融合体系化尚有困难，而且缺乏理论依据。多传感器信息融合的理想目标应是人类的感觉、识别、控制体系，但由于对后者尚无一个明确的工程学的

阐述，所以机器人传感器融合体系要具备什么样的功能尚是一个模糊的概念。相信随着机器人智能水平的提高，多传感器信息融合理论和技术将会逐步完善和系统化。

3.3.2 多传感器应用系统

工业机器人工作的稳定性与可靠性，依赖于机器人对工作环境的感觉和自主的适应能力，因此需要高性能传感器及各传感器的协调工作。由于不同行业工作环境所具有的特殊要求和不确定性，随着工业机器人应用领域的不断扩大，对机器人感觉系统的要求也不断提高。机器人感觉系统的设计是实现机器人智能化的基础，主要表现在新型传感器的应用及多传感器的融合上。

一台智能机器人采用很多种传感器，所以把传感的信息和存储的信息集成起来，形成控制规则也是重要的问题。在某些情况下，一台计算机就完全能够控制机器人。在某些复杂系统中，运动机器人或柔性制造系统可能要采用分层的、分散的计算机。一台执行控制器可用以完成总体规划。它把信息传递给一系列专用的处理器，以控制机器人各种功能，并从传感器系统接收输入信号。不同的层次可用来完成不同的任务。

下面介绍多感觉智能机器人的传感系统。

1. 多感觉智能机器人的组成

多感觉智能机器人的组成如图 3-20 所示。

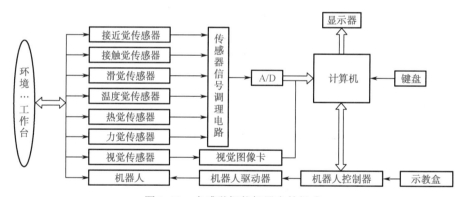

图 3-20 多感觉智能机器人的组成

2. 机器人本体

机器人本体结构示意图如图 3-21 所示。

3. 多传感系统

多感觉智能机器人具有七种感觉。其中，接近觉、接触觉和滑觉为一体化的传感器，传感器外形被制成手指形状，便于直接安装到手爪上。温度觉和热觉传感器装于机器人的另一只手爪上。温度觉传感器是普通测量元件（集成温度传感器），热觉传感器由加热部分与铂热敏电阻实现。该手指的顶部装有垂直向接近觉传感器。力传感器装于机械手的腕部。将上述六种传感器组装于一体的机械手爪，如图 3-22 所示。

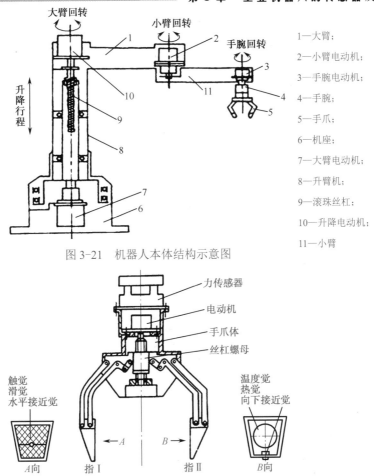

图 3-21 机器人本体结构示意图

1—大臂；

2—小臂电动机；

3—手腕电动机；

4—手腕；

5—手爪；

6—机座；

7—大臂电动机；

8—升臂机；

9—滚珠丝杠；

10—升降电动机；

11—小臂

图 3-22 六种传感器组装于一体的机械手爪图

机器人多感觉传感器系统中除以上六种非视觉传感器以外，还在机器人的上方固定安装了视觉传感器（CCD 摄像机）来对准机器人的作业台面。该系统采用的是 MTV-3501CB 型 CCD 摄像机（512X582 PAL 制），摄像机采集的模拟视频信号通过插在计算机扩展槽中的 PC Video 图像处理卡转换成一定格式的数字信息，送入计算机。

4. 控制部分

多感觉智能机器人的控制分 3 层。整个控制系统的硬件结构框图如图 3-23 所示，包括主控制单元、示教盒、3 个结构相同的下级控制单元（主要控制各电动机的运转，1 个单元控制两个电动机）、向各控制单元提供机器人内部信号的接口（如极限位置、零位等）以及完成人机交互界面和进行多信息融合计算和控制的计算机。

5. 总合布局

多感觉智能机器人的系统总体布局如图 3-24 所示。控制部分包含各传感器的信号调理电路、主控制器及下级控制单元、驱动电路、电源等。

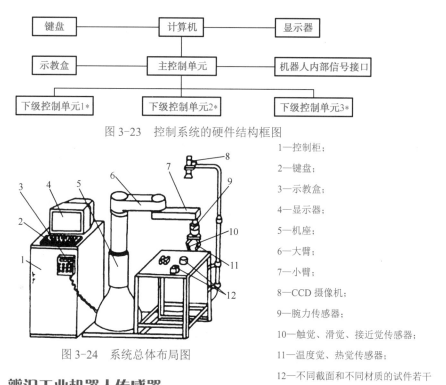

图 3-23　控制系统的硬件结构框图

1—控制柜；

2—键盘；

3—示教盒；

4—显示器；

5—机座；

6—大臂；

7—小臂；

8—CCD 摄像机；

9—腕力传感器；

10—触觉、滑觉、接近觉传感器；

11—温度觉、热觉传感器；

12—不同截面和不同材质的试件若干

图 3-24　系统总体布局图

实训3　辨识工业机器人传感器

1. 实训内容

（1）指出 HSR-6 型系列工业机器人所用传感器。

（2）给出 10 种以上机器人常用传感器，供学生选择，并说出分别能用于工业机器人什么部位？

2. 实训目的

了解 HSR-6 型工业机器人，学会选择应用工业机器人传感器。

3. 实训步骤

（1）学生分组，每组列出 HSR-6 型系列工业机器人所用传感器种类，并指出其代号（自己查资料）。

（2）小组中每位同学讲解其中一种传感器的工作原理。

（3）根据所给出的传感器，选择并指出适应部位。

拓展与提高3　激光在自动检测中的应用

1. 激光传感器—视觉

先进的激光在线检测系统在汽车制造中不同领域的应用，在某种程度上改变了汽车制

造中的某些传统工艺流程,它对于推动汽车制造业的发展有着极其重要意义。车身的关键尺寸主要是风挡玻璃窗尺寸、车门安装处棱边位置、定位孔位置及各分总成的位置关系等,因此视觉传感器主要分布于这些位置附近,测量其相应的棱边、孔、表面的空间位置尺寸等,一般为固定式测量系统。在生产线上设计一个测量工位,将定位好后的车身置于一框架内,框架由纵、横分布的金属柱、杆构成,可根据需要在框架上灵活安装视觉传感器。传感器的数量通常由被测点的数量来确定,同时根据被测点的形式不同,传感器通常又分为双目立体视觉传感器、轮廓传感器等多种类型。

2. 激光视觉检测站的应用

随着汽车制造水平的不断提高,激光视觉检测站逐渐得到应用,一汽大众汽车有限公司从每一个总成开始,均采用该系统进行尺寸控制,出现问题的部件会被及时发现、报警并放回返修区。这样可以保证每一级总成部件均由尺寸合格的下级总成组合而成。不仅如此,由于数据实行实时检测、存储,当发现问题时,制造部门可以快速发现工装夹具的问题所在,在最短的时间内进行调整。如图3-25所示。

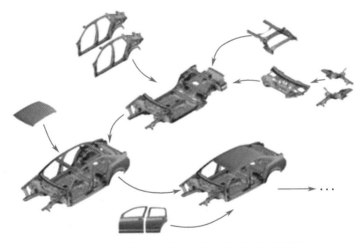

图3-25 视觉检测系统在焊装各级总成中的应用

除此之外,激光视觉检测系统还被广泛应用于焊装生产中,如门盖装配、前端切削焊接以及车身后部尾灯定位孔的形成等。传统工艺中灯安装孔采用多个冲压件焊接而成,其累计误差较大且难以控制,导致尾灯安装后与侧围匹配质量较差、尺寸不稳定。采用激光视觉检测技术,冲孔在各部件拼焊完成后进行,通过使用激光在线测量,将尾灯左右的型面形成数模,并与已经存储于控制器中的数模相对照,找出最佳匹配尺寸并调整机器人完成冲孔工艺。

激光在线检测技术在白车身车门装配中的应用实例。其中机器人控制下的抓拾器与激光在线检测系统通过总线控制,形成一个闭环系统,通过激光在线检测系统在门盖装配过程中的实时动态测量,实时地把所测量数据与处理器中的标准数模数据对比,给出测量值与理论值的偏差,实时调整抓拾器的安装位置,使其达到一个设计的最佳值,此时门与侧围的平度和间隙均会达到一个最佳值。

本章小结

机器人的进步和应用是 20 世纪自动控制最有说服力的成就，是当代最高意义的自动化。

机器人传感器是一种能将机器人目标物特性（或参量）变换为电量输出的装置。

机器人传感器一般可分为机器人外部传感器和内部传感器两大类。内部传感器装在操作机上，包括位移、速度、加速度等传感器，是为了检测机器人操作机内部状态，在伺服控制系统中作为反馈信号。外部传感器，如视觉、触觉、力觉距离等传感器，是为了检测作业对象及环境与机器人的联系。

本章重点介绍了内部传感器中的位置传感器和速度传感器，其中包括编码式位置传感器、电位器式位移传感器、测速发电机和光电式增量编码器；外部传感器中主要介绍了力或力矩（力觉）传感器、接近觉传感器和触觉传感器。

目前，机器人系统中使用的传感器种类和数量越来越多，每种传感器都有一定的使用条件和感知范围，并且又能给出环境或对象的部分或整个侧面的信息，为了有效地利用这些传感器信息，需要采用某种形式对传感器信息进行综合、融合处理，不同类型信息的多种形式的处理系统就是传感器融合。

思考与练习题 3

1. 填空题

（1）用于检测物体接触面之间相对运动大小和方向的传感器是_____传感器。

（2）传感器的输出信号达到稳定时，输出信号变化与输入信号变化的比值代表传感器的_____参数。

（3）传感器的基本转换电路是将敏感元件产生的易测量小信号进行变换，使传感器的信号输出符合具体工业系统的要求，一般为_____。

2. 选择题

（1）日本日立公司研制的经验学习机器人装配系统采用触觉传感器来有效地反映装配情况。其触觉传感器属于下列那种传感器？（　　　　）

　　A．接触觉　　　　B．接近觉　　　　C．力/力矩觉　　　　D．压觉

（2）机器人外部传感器不包括下面哪种传感器？（　　　　）

　　A．力或力矩　　　B．接近觉　　　　C．触觉　　　　　　D．位置

（3）机器人内部传感器不包括下面哪种传感器？（　　　　）

　　A．位置　　　　　B．速度　　　　　C．压觉　　　　　　D．力觉

3. 简答与分析题

（1）根据图 3-26 回答以下问题。

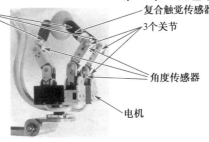

图3-26 机器人手部传感器

① 指出图中用到哪些传感器？

② 图中复合触觉传感器的作用是什么？

（2）能否设想一下，一个高智能类人机器人大约会用到哪些传感器技术？

（3）编码器有哪两种基本形式？各自特点是什么？

第 4 章

工业机器人的控制与驱动系统

导读

机器人与其他机械装置有所不同，其功能和结构方面的要求具有较强的通用性、柔软性和适应性。为满足这些要求，机器人通常由四个部分构成：

（1）操作人员与机器人之间进行指令传递的通信部分；

（2）测量周围环境和机器人自身状态的传感器部分；

（3）对信息进行处理的控制部分；

（4）根据决策进行动作执行的机器人本体部分。

目前工业机器人在指令传递和驱动控制上，更多地依赖其本身机构所具备的灵活性以及计算机软件控制。本章将针对机器人的控制系统的基本知识进行论述。

知识目标

（1）掌握工业机器人控制系统的特点。

（2）了解工业机器人控制系统的基本要求。

（3）了解工业机器人控制系统的组成与结构。

（4）掌握工业机器人的控制方式。

（5）掌握工业机器人的控制策略。

（6）掌握工业机器人的驱动系统。

能力目标

（1）熟悉工业机器人常用的控制方式及策略。

（2）会辨别工业机器人伺服驱动器的类别。

4.1　工业机器人的控制系统

4.1.1　工业机器人控制系统的特点

工业机器人的控制技术是在传统机械系统的控制技术的基础上发展起来的，因此两者之间并无根本的不同，但工业机器人控制系统有其独到之处。工业机器人控制系统的特点概括如下。

（1）工业机器人的控制与机构运动学及动力学密切相关。工业机器人手部的状态可以在各种坐标下描述，应当根据需要，选择不同的基准坐标系，并进行适当的坐标变换。经常要去解运动学正问题和逆问题。除此之外还要考虑惯性力、外力（包括重力）及哥氏力、向心力等对机器人控制系统的影响。

（2）比较复杂的工业机器人的自由度较多，每个自由度需要配置一个伺服机构，在工作的过程中，各个伺服机构必须协调起来，组成一个多变量控制系统。

（3）从经典控制理论的角度来看，多数机器人控制系统中都包含有非最小的相位系统，例如步行机器人或关节式机器人往往包含有"上摆"系统。由于上摆的平衡点是不稳定的，必须采取相应的控制策略。

（4）把多个独立的伺服系统有机地协调起来，使其按照人的意志行动，甚至赋予机器人一定的"智能"，这个任务只能由计算机来完成。因此，机器人控制系统必然是一个计算机控制系统。同时，计算机软件担负着艰巨的任务。

（5）描述机器人状态和运动的数学模型是一个非线性模型，随着状态的不同和外力的变化，其参数也在变化，各变量之间还存在耦合。因此，仅仅采用位置闭环是不够的，还要利用速度甚至加速度闭环。系统中经常使用重力补偿、前馈、解耦或自适应控制等方法。

（6）机器人的动作往往可以通过不同的方式和路径来完成，因此存在一个最优方案的规划问题。较高级的机器人可以用人工智能的方法，用计算机建立起庞大的信息库，借助信息库进行控制、决策、管理和操作。利用传感器和模式识别的方法获得对象及环境的工况，按照给定的指标要求，自动地选择最佳的控制规律。

总而言之，机器人控制系统是一个与运动学和动力学原理密切相关的、有耦合的、非线性的多变量控制系统。由于它的综合性和特殊性，经典控制理论和现代控制理论都不能照搬使用。截至目前，机器人控制理论还是不完整、不系统的，相信随着机器人事业的发展，机器人控制理论必将日趋成熟。

4.1.2　工业机器人控制系统的基本功能

机器人控制系统是机器人的重要组成部分，用于对操作机的控制，以完成特定的工作任务，其基本功能概括如下。

1. 记忆功能

记忆功能是指存储作业顺序、运动路径、运动方式、运动速度和与生产工艺有关的信息。

2. 示教功能

示教功能是指离线编程、在线示教、间接示教。在线示教包括示教盒示教和导引示教两种。

3. 与外围设备联系功能

联系功能是指输入和输出接口、通信接口、网络接口、同步接口。

4. 坐标设置功能

坐标设置功能有关节、绝对、工具、用户自定义4种坐标系。

5. 人机接口

人机接口包括示教盒、操作面板、显示屏。

6. 传感器接口

传感器接口包括位置检测、视觉、触觉、力觉等。

7. 位置伺服功能

位置伺服功能包括机器人多轴联动、运动控制、速度和加速度控制、动态补偿等。

8. 故障诊断安全保护功能

故障诊断安全保护功能主要是指运行时系统状态监视、故障状态下的安全保护和故障自诊断。

4.1.3 工业机器人控制系统的组成和结构

工业机器人的控制系统主要包括硬件和软件两个部分。

1. 硬件部分

1）基本组成

机器人控制系统的硬件组成如图4-1所示.
其配置如下:
（1）控制计算机：控制系统的调度指挥机构。一般为微型机、微处理器有32位、64位等,如奔腾系列CPU以及其他类型CPU。
（2）示教盒：示教机器人的工作轨迹和参数设定,以及所有人机交互操作,拥有自己独立的CPU以及存储单元,与主计算机之间以总线通信方式实现信息交互。
（3）操作面板：由各种操作按键、状态指示灯构成,只完成基本功能操作。
（4）硬盘和软盘存储器：存储机器人工作程序的外围存储器。

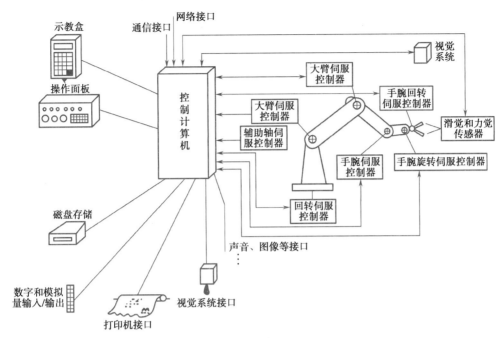

图 4-1　机器人控制系统的硬件组成

（5）数字和模拟量输入/输出：各种状态和控制命令的输入或输出。

（6）打印机接口：记录需要输出的各种信息。

（7）传感器接口：用于接收机器人所使用的传感器的数据，实现机器人的闭环控制。一般用于接收力觉、触觉和视觉传感器等的数据流。

（8）轴控制器：完成机器人各关节位置、速度和加速度控制。

（9）辅助设备控制：用于和机器人配合的辅助设备控制，如手爪变位器等。

（10）通信接口：实现机器人和其他设备的信息交换，一般有串行接口、并行接口等。

（11）网络接口：常用的网络接口有 Ethernet 接口和 Fieldbus 接口。

① Ethernet 接口。可通过以太网实现数台或单台机器人的直接 PC 通信，数据传输速率高达 10 Mb/s，可直接在 PC 上用 Windows 库函数进行应用程序编程之后，支持 TCP/IP 通信协议，通过 Ethernet 接口将数据及程序装入各个机器人控制器中。

② Fieldbus 接口。支持多种流行的现场总线规格，如 Device net、AB Remote I/O、Interbus-s、Profibus-DP、M-NET 等。

2）基本结构

在控制系统的结构方面通常有以下三种控制方式。现在大部分工业机器人都采用两级计算机控制。第一级担负系统监控、作业管理和实时插补任务，由于运算工作量大、数据多，所以大都采用 16 位以上的计算机。第一级运算结果作为目标指令传输到第二级计算机，经过计算处理后传输到各执行元件。

（1）集中控制方式。用一台计算机实现全部控制功能，结构简单、成本低，但实时性差，难以扩展，其构成框图如图 4-2 所示。

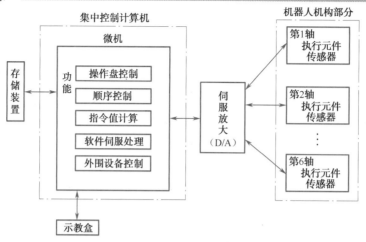

图4-2 集中控制方式构成框图

（2）主从控制方式。采用主、从两级处理器实现系统的全部控制功能。主计算机实现管理、坐标变换、轨迹生成和系统自诊断等；从计算机实现所有关节的动作控制。其构成框图如图4-3所示。主从控制方式系统实时性较好，适于高精度、高速度控制，但其系统扩展性较差，维修困难。

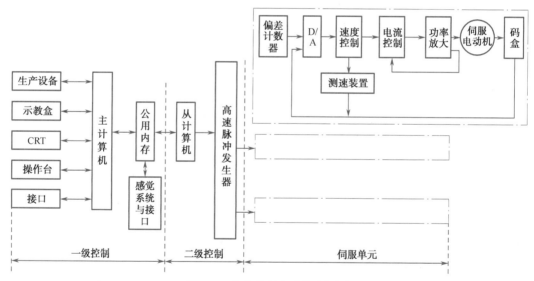

图4-3 主从控制方式构成框图

（3）分散控制方式。按系统的性质和方式将系统控制分成几个模块，每一个模块各有不同的控制任务和控制策略，各模式之间可以是主从关系，也可以是平等关系。这种方式实时性好，易于实现高速、高精度控制，易于扩展，可实现智能控制，是目前流行的方式，其构成框图如图4-4所示。

2. 软件部分

这里所说的软件主要是指控制软件，它包括运动轨迹规划算法和关节伺服控制算法及相

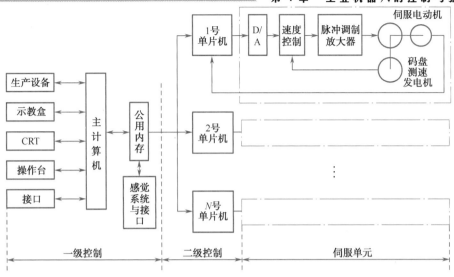

图 4-4 分散控制方式构成框图

应的动作顺序。软件编程可以用多种计算机语言来编制，但由于许多机器人的控制比较复杂，编程工作的劳动强度较大，编写的程序可读性也较差。因此，通过通用语言的模块化，开发了很多机器人的专用语言。把机器人的专用语言与机器人系统融合，是当前机器人发展的主流。

4.1.4 工业机器人的控制方式

1. 点位式

很多机器人要求准确地控制末端执行器的工作，而路径却无关紧要。例如，在印刷电路板上安插元件、点焊、装配等工作，都属于点位式工作方式。一般说这种控制方式比较简单，但是要达到 2～3 μm 的定位精度也是相当困难的。

2. 轨迹式

在弧焊、喷漆、切割等工作中，要求机器人末端执行器按照示教的轨迹和速度运动。如果偏离预定的轨迹和速度，就会使产品报废。其控制方式类似于控制原理中的跟踪系统，可称之为轨迹伺服控制。

3. 力（力矩）控制方式

在完成装配、抓放物体等工作时，除要准确定位之外，还要求使用适度的力或力矩进行工作，这时就要利用力（力矩）伺服方式。这种方式的控制原理与位置伺服控制原理基本相同，只不过输入量和反馈量不是位置信号，而是力（力矩）信号，因此系统中必须有力（力矩）传感器。有时也利用接近、滑动等功能进行适应式控制。

4. 智能控制方式

工业机器人的智能控制是通过传感器获得周围环境的知识，并根据自身内部的知识库做出相应的决策。采用智能控制技术，使工业机器人具有了较强的环境适应性及自学习能力。智能控制技术的发展有赖于近年来人工神经网络、基因算法、遗传算法、专家系统等人工智能的迅速发展。

4.1.5 工业机器人的控制策略

机器人的控制策略花样繁多、层出不穷，这里介绍一些常见的控制策略。

1. 重力补偿

在机器人系统，特别是关节型机器人中，手臂的自重相对于关节点会产生一个力矩，这个力矩的大小随手臂所处的空间位置而变化。显然这个力矩对控制系统来说是不利的，但这个力矩的变化是有规律的，它可以通过传感器测出手臂的转角，再利用三角函数和坐标变换计算出来。如果在伺服系统的控制量中实时地加入一个抵消重力影响的量，那么控制系统就会大为减化。如果机械结构是平衡的，则不必补偿。力矩的计算要在自然坐标系中进行，重力补偿可以是各个关节独立进行的，称之为单级补偿。也可以同时考虑其他关节的重力进行补偿，称之为多级补偿。

2. 前馈和超前控制

在轨迹式控制方式中，根据事先给定的运动规律，就可以从给定信号中提取速度、加速度信号，把它加在伺服系统的适当部位上，以消除系统的速度和加速度跟踪误差，这就是前馈。前馈控制不影响系统的稳定性，控制效果却是显著的。

同样，由于运动规律是已知的，可以根据某一时刻的位置与速度，估计下一时刻的位置误差，并把这个估计量加到下一时刻的控制量中，这就是超前控制。

超前控制与前馈控制的区别在于：前者是指控制量在时间上提前，后者是指控制信号的流向是向前的。

3. 耦合惯量及摩擦力的补偿

在一般情况下，只要外关节的伺服带宽大于内关节的伺服带宽，就可以把各关节的伺服系统看成是独立的，这样处理可以使问题大为减化。剩下的问题仅仅是怎样把"工作任务"分配给各伺服系统了。然而在高速、高精度机器人中，必须考虑一个关节运动会引起另一个关节的等效转动惯量的变化，也就是耦合惯量问题。要解决耦合惯量问题则需要对机器人进行加速度补偿。

高精度机器人中还要考虑摩擦力的补偿。由于静摩擦与动摩擦力的差别很大，因此系统启动时刻和启动后的补偿量是不同的，摩擦力的大小可以通过实验测得。

4. 传感器位置反馈

在点位控制方式中，单靠提高伺服系统的性能来保证精度要求有时是比较困难的。但是，可以在程序控制的基础上，再用一个位置传感器进一步消除误差。传感器可以是简易的，感知范围也可以较小。这种系统虽然硬件上有所增加，但软件的工作量却可以大大减少。这种系统成为传感器闭环系统或大环伺服系统。

5. 记忆-修正控制

在轨迹控制方式中，可以利用计算机的记忆和计算功能，记忆前一次的运动误差，改进后一次的控制量。经过若干次修正可以逼近理想轨迹。这种系统被称为记忆-修正控制系统，它适用于重复操作的场合。

6. 触觉控制

机器人的触觉可以判别物体的有无，也可以判断物体的形状。前者可以用于控制动作的启、停；后者可以用于选择零件、改变行进路线等。人们还经常利用滑觉（切向力传感器）来自动改变机器人加持器的握力，使物体不致滑落，同时又不至于破坏物体。触觉控制可以使机器人具有某种程度的适应性，也可以把它看成是一种初级的"智能"。

7. 听觉控制

有的机器人可以根据人的口头命令给出回答或执行任务，这是利用了声音识别系统。该系统首先提取所收到的声音信号的特征，例如幅度特征、过零率、音调周期、线性预测系数、升到共振峰等特性，然后与事先存储在计算机内的"标准模板"进行比较。这种系统可以识别特定人的有限词汇，较高级的声音识别系统还可以用句法分析的手段识别较多的语言内容。

8. 视觉控制

利用视觉系统可以大量获取外界信息，但由于计算机容量及处理速度的限制，所处理的信息往往是有限的。机器人系统常用视觉系统判别物体形状和物体之间的关系，也可以用来测量距离、选择运动路径等。无论是光导摄像管，还是电荷耦合器件都只能获取二维图像信息。为获取三维视觉信息，可以使用两台或多台摄像机，也可以从光源上想办法，例如使用结构光。获得的信息用模式识别的办法进行处理。由于视觉系统结果复杂、价格昂贵，一般只用于比较高级的机器人中。在其他情况下，可以考虑使用简易视觉系统。光源也不仅限于普通光，还可以使用激光、红外线、X 光、超声波等。

9. 最佳控制

在高速机器人中，除选择最佳路径之外，还普遍采用最短时间控制，即所谓"砰砰"控制。简单地说，机械臂的动作分为两步：先是以最大能力加速，然后最大能力减速，中间选择一个最佳切换时间，这样可以保证速度最快。

10. 自适应控制

很多情况下，机器人手臂的物理参数是变化的。例如，夹持不同的物体处于不同的姿态下，质量和惯性矩都是在变化的，因此运动方程式中的参数也在变化。工作过程中，还存在着未知的干扰。实时地辨识系统参数并调整增益矩阵，才能保证跟踪目标的准确性。这就是典型的自适应控制问题。由于系统复杂，工作速度快，和一般的过程控制中的自适应控制相比,问题要复杂得多。

11. 解耦控制

机器人手臂的运动会对其他运动产生影响,即各自由度之间存在着耦合,即某处的运动对另一处的运动有影响。在耦合较弱的情况下,可以把它当作一种干扰,在设计中留有余地就可以了。在耦合严重的情况下,必须考虑一些解耦措施,使各自由度相对独立。

12. 递阶控制

智能机器人具有视觉、触觉或听觉等多种传感器,自由度的数目往往较多,各传感器系统要对信息进行实时处理,各关节都要进行实时控制,它们是并行的,但需要有机地协调起来。因此控制必然是多层次的,每一层次都有独立的工作任务,它给下一层次提供控制指令和信息;下一层次又把自身的状态及执行结果反馈给上一层次。最低一层是各关节的伺服系统,最高一层是管理(主)计算机,称为协调级。由此可见,某些大系统控制理论可以用在机器人系统之中。

4.2 工业机器人的驱动系统

工业机器人驱动系统按动力源可分为液压驱动、气动驱动和电动驱动三种基本驱动类型。根据需要,可采用由三种基本驱动类型的一种,或合成式驱动系统。这三种基本驱动系统的主要特点见表4-1所示。

表4-1 液压驱动、气动驱动和电动驱动的主要特点

内 容	驱 动 方 式		
	液压驱动	气动驱动	电动驱动
输出功率	输出功率很大,压力范围为50~140 N/cm²	输出功率大,压力范围为48~60 N/cm²,最大可达100 N/cm²	较大
控制性能	利用液体的不可压缩性,控制精度较高,输出功率大,可无级调速,反应灵敏,可实现连续轨迹控制	气体压缩性大,精度低,阻尼效果差,低速不易控制,难以实现高速、高精度的连续轨迹控制	控制精度高,功率较大,能精确定位,反应灵敏,可实现高速、高精度的连续轨迹控制,伺服特性好,控制系统复杂
响应速度	很高	较高	很高
结构性能及体积	结构适当,执行机构可标准化、模拟化,易实现直接驱动。功率/质量比大,体积小,结构紧凑,密封问题较大	结构适当,执行机构可标准化、模拟化,易实现直接驱动。功率/质量比大,体积小,结构紧凑,密封问题较小	伺服电动机易于标准化,结构性能好,噪声低,电动机一般需配置减速装置,除DD电动机(直驱电动机)外,难以直接驱动,结构紧凑,无密封问题
安全性	防爆性能较好,用液压油作传动介质,在一定条件下有火灾危险	防爆性能好,高于1 000 kPa(10个大气压)时应注意设备的抗压性	设备自身无爆炸和火灾危险,直流有刷电动机换向时有火花,对环境的防爆性能较差

内　容	驱动方式		
	液压驱动	气动驱动	电动驱动
对环境的影响	液压系统易漏油，对环境有污染	排气时有噪声	无
在工业机器人中应用范围	适用于重载，低速驱动，电液伺服系统适用于喷涂机器人、点焊机器人和托运机器人	适用于中小负载驱动、精度要求较低的有限点位程序控制机器人，如冲压机器人本体的气动平衡及装配机器人气动夹具	适用于中小负载、要求具有较高的位置控制精度和轨迹控制精度、速度较高的机器人，如AC伺服喷涂机器人、点焊机器人、弧焊机器人、装配机器人等
成本	液压元件成本较高	成本低	成本高
维修及使用	方便，但油液对环境温度有一定要求	方便	较复杂

1. 液压驱动

液压驱动工业机器人如图4-5所示，是利用油液作为传递的工作介质。电动机带动液压泵输出压力油，将电动机输出的机械能转换成油液的压力能，压力油经过管道及一些控制调节装置等进入油缸，推动活塞杆运动，从而使机械臂产生伸缩、升降等运动，将油液的压力能又转换成机械能。

图4-5　液压驱动工业机器人

1）液压系统的组成

（1）液压泵，是能量转换装置，将电动机输出的机械能转换为油液的压力能，用压力油驱动整个液压系统工作。

（2）液动机（液压执行装置），是压力油驱动运动部件对外工作的部分。机械臂作直线运动，液动机就是机械臂伸缩油缸，也有作回转运动的液动机，一般叫作液压马达，回转角度小于360°的液动机，一般叫回转油缸（或摆动油缸）。

（3）控制调节装置，指各类阀，有压力控制阀、流量控制阀、方向控制阀。主要调节控制液压系统油液的压力、流量和方向，使机器人的机械臂、手腕、手指等能够完成所要求的运动。

（4）辅助装置，如油箱、滤油器、储能器、管路和管接头以及压力表等。

2）液压伺服驱动系统

液压驱动机器人分为程序控制驱动和伺服控制驱动两种类型。前者属非伺服型，用于有限点位要求的简易搬运机器人，液压驱动机器人中应用较多的是伺服控制驱动型的，下面主要介绍液压伺服驱动系统。

液压伺服驱动系统由液压源、驱动器、伺服阀、传感器和控制回路组成，如图4-6所示。

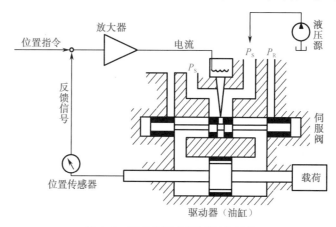

图 4-6　工业机器人液压驱动系统

液压泵将压力油供到伺服阀，给定位置指令值与位置传感器的实测值之差经放大器放大后送到伺服阀。当信号输入到伺服阀时，压力油被供到驱动器并驱动载荷。当反馈信号与输入指令值相同，驱动器便停止。伺服阀在液压伺服系统中是不可缺少的一部分，它利用电信号实现液压系统的能量控制。在响应快、载荷大的伺服系统中往往采用液压驱动器，原因在于液压驱动器的输出力与重量比最大。

电液伺服阀是电液伺服系统中的放大转换元件，它把输入的小功率信号，转换并放大成液压功率输出，实现执行元件的位移、速度、加速度及力的控制。

2. 气动驱动

气动驱动工业机器人如图4-7所示，是指以压缩空气为工作介质，工作原理与液压驱动相似。工业机器人气动驱动结构图如图4-8所示。

气动驱动系统由以下4个部分组成。

1）气源系统

压缩空气是保证气动系统正常工作的动力源。一般工厂均设有压缩空气站。压缩空气站的设备主要是空气压缩机和气源净化辅助设备。

由于压缩空气中含有水汽，油气和灰尘，这些杂质如果被直接带入储气罐、管道及气动元件和装置中，会引起腐蚀、磨损、阻塞等一系列问题，从而造成气动系统效率和寿命降低、控制失灵等严重后果。因此，压缩空气需要净化。

图 4-7　气动驱动工业机器人（搬运）

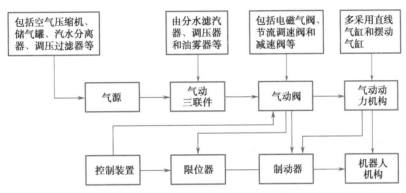

图 4-8　工业机器人气动驱动结构图

2）气源净化辅助设备

气源净化辅助设备有：后冷却器、油水分离器、储气罐、过滤器等。

（1）后冷却器：安装在空气压缩机出口处的管道上，它的作用是使压缩空气降温。

一般的工作压力为 8 公斤/平方厘米的空气压缩机排气温度高达 140～170 ℃，压缩空气中所含的水和油（气缸润滑油混入压缩空气）均为气态。经后冷却器降温至 40°～50 ℃后，水汽和油汽凝聚成水滴和油滴，再经油水分离器析出。

（2）油水分离器：将水、油分离出去。

（3）储气罐：存储较大量的压缩空气，以供给气动装置连续和稳定的压缩空气，并可减少由于气流脉动所造成的管道振动。

（4）过滤器：过滤压缩空气。一般气动控制元件对空气的过滤要求比较严格，常采用简易过滤器过滤后，再经分水滤气器二次过滤。

3）气动执行机构

气动执行机构有气缸和气动马达两种。

气缸和气动马达（气马达）是将压缩空气的压力能转换为机械能的能量转换装置。气缸输出力，驱动工作部分作直线往复运动或往复摆动；气动马达输出力矩，驱动机构做回转运动。

4）空气控制阀和气动逻辑元件

空气控制阀是气动控制元件，它的作用是控制和调节气路系统中压缩空气的压力、流量和方向，从而保证气动执行机构按规定的程序正常地进行工作。

空气控制阀有压力控制阀、流量控制阀和方向控制阀三类。

气动逻辑元件是通过可动部件的动作，进行元件切换而实现逻辑功能的。采用气动逻辑元件给自动控制系统提供了简单、经济、可靠和寿命长的新途径。

3. 电动驱动

电动驱动（亦称电气驱动）是利用电动机产生的力或力矩直接或通过减速机构等间接的驱动机器人的各个运动关节的驱动方式，一般由电动机及其驱动器组成，例如图4-9所示的弧焊机器人。

图4-9　电动驱动工业机器人

1）电动机

工业机器人常用的电动机有直流伺服电动机，交流伺服电动机和步进伺服电动机。

（1）直流伺服电动机（DC伺服电动机）

直流伺服电动机的控制电路比较简单，所构成的驱动系统价格比较低廉，但是在使用过程中直流伺服电动机的电刷会有磨损，需要定时调整以及更换，既增加了工作负担又会影响机器人的性能，且电刷易产生火花，在喷雾、粉尘等工作环境中容易引起火灾等，存在安全隐患。

（2）交流伺服电动机（AC伺服电动机）

交流伺服电动机的结构比较简单，转子由磁体构成，直径较细；定子由三相绕组组成，可通过大电流，无电刷，运行安全可靠；适用于频繁的启动、停止工作，而且过载能力、力矩惯量比、定位精度等优于直流伺服电动机；但是其控制电路比较复杂，所构成的驱动系统价格相对比较高昂。

（3）步进伺服电动机

步进伺服电动机是以电脉冲驱动使其转了转动产生转角值的动力装置。其中输入的脉

冲数决定转角值，脉冲频率决定转子的速度。其控制电路较为简单，且不需要转动状态的检测电路，因此所构成的驱动系统价格比较低廉。但是，步进伺服电动机的功率比较小，不适用于大负荷的工业机器人使用。

2）驱动器

伺服驱动器（亦称伺服控制器或者伺服放大器）是用来控制、驱动伺服电动机的一种控制装置，多数是采用脉冲宽度调制（PWM）进行控制驱动完成机器人的动作。为了满足实际工作对机器人的位置、速度和加速度等物理量的要求，通常采用如图 4-10 所示的驱动原理，由位置控制构成的位置环，速度控制构成的速度环和转矩控制构成的电流环组成。

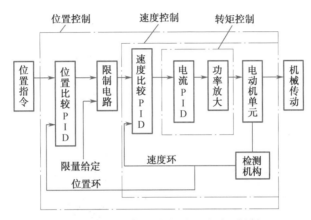

图 4-10　工业机器人电动驱动原理框图

驱动器的电路一般包括：功率放大器、电流保护电路、高低压电源、计算机控制系统电路等。根据控制对象（电动机）的不同，驱动器一般分为直流伺服电动机驱动器、交流伺服电动机驱动器、步进伺服电动机驱动器。

（1）直流伺服电动机驱动器

直流电动机驱动器一般采用 PWM 伺服驱动器，通过改变脉冲宽度来改变加在电动机电枢两端的电压进行电动机的转速调节。PWM 伺服驱动器具有调速范围宽、低速特性好、响应快、效率高等特点。

（2）交流伺服电动机驱动器

交流伺服电动机驱动器通常采用电流型脉宽调制（PWM）变频调速伺服驱动器，将给定的速度与电动机的实际速度进行比较，产生速度偏差；根据速度偏差产生的电流信号控制交流伺服电动机的转动速度。交流伺服电动机驱动器具有转矩转动惯量比高的优点。

（3）步进伺服电动机驱动器

步进伺服电动机驱动器是一种将电脉冲转化为角位移的执行机构，主要由脉冲发生器、环形分配器和功率放大器等部分组成。通过控制供电模块对步进电动机的各相绕组按合适的时序给步进伺服电动机进行供电；驱动器发送到一个脉冲信号，能够驱动步进伺服电动机转动一个固定的角度（称为步距角）。通过控制所发送的脉冲个数实现电动机的转角位移量的控制，通过控制脉冲频率实现电动机的转动速度和加速度的控制，达到定位和调速的目的。

实训4　认识工业机器人电气控制系统

1．实训内容

机器人电气控制系统包括控制系统、伺服系统、变压器、示教系统与动力通信电缆等。电气控制柜如图 4-11 所示。

电气控制柜的操作面板上有各种指示灯和操作按钮，示例如图 4-12 所示，其名称和功能介绍如下。

图 4-11　机器人电气控制柜内部视图

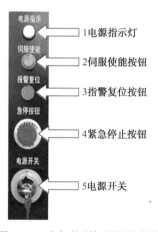

图 4-12　电气控制柜面板控制按钮

（1）电源指示灯：通过电源指示灯可以观察电气控制柜的电源是否接通，若电源指示灯亮，则表示电气控制柜的电源接通，否则表示电气控制柜的电源未接通。

（2）伺服使能按钮：当伺服使能按钮按下并且绿灯点亮后，表示接通伺服电源。

（3）报警复位按钮：当机器人有异常情况报警时，可以按此按钮，解除报警。

（4）紧急停止按钮：在机器人运行过程中,有危险或意外情况发生时，按下紧急停止按钮，可以使机器人立即停止。

（5）电源开关：用于接通和断开机器人电气控制柜的电源。

机器人控制系统硬件有 IPC 模块、I/O 模块、CF 卡等，如图 4-13 所示。

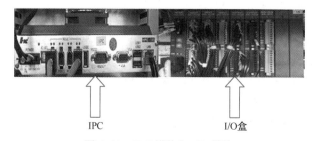

图 4-13　IPC 模块与 I/O 模块

各模块的名称与功能介绍如下。

（1）IPC 模块：控制器，作为整个机器人的大脑。

（2）I/O 模块：有 48 个输入口，32 个输出口，4 个 A/D 转换模块和 4 个 D/A 转换模块。

（3）CF 卡：用于数据储存。

2．实训目的

（1）学习和掌握工业机器人电气控制系统的组成与结构。

（2）工业机器人电气控制系统各部分的功能。

3．实训步骤

（1）学生分组，分别对工业机器人电气控制系统进行学习认知，并列出各个元器件的名称及功能。

（2）每一位组员讲授所学的电气控制系统各部分的组成。

拓展与提高 4　交流伺服系统

1．交流伺服系统的分类

交流伺服系统根据其处理信号的方式不同，可以分为模拟式伺服、数字模拟混合式伺服和全数字式伺服；如果按照使用的伺服电动机的种类不同，又可分为两种：一种是用永磁同步伺服电动机构成的伺服系统，包括方波永磁同步电动机（无刷直流机）伺服系统和正弦波永磁同步电动机伺服系统；另一种是用鼠笼型异步电动机构成的伺服系统。二者的不同之处在于永磁同步电动机伺服系统中需要采用磁极位置传感器而感应电动机伺服系统中含有滑差频率计算部分。若采用微处理器软件实现伺服控制，可以使永磁同步伺服电动机和鼠笼型异步伺服电动机使用同一套伺服放大器。

2．交流伺服系统的发展与数字化控制的优点

伺服系统的发展紧密地与伺服电动机的不同发展阶段相联系，伺服电动机至今已有 50多年的发展历史，经历了以下三个主要发展阶段。

第一个发展阶段（20 世纪 60 年代以前），此阶段是以步进电动机驱动的液压伺服马达或以功率步进电动机直接驱动为中心的时代，伺服系统的位置控制为开环系统。

第二个发展阶段（20 世纪 60～70 年代），这一阶段是直流伺服电动机的诞生和全盛发展的时代，由于直流电动机具有优良的调速性能，很多高性能驱动装置采用了直流电动机，伺服系统的位置控制也由开环系统发展成为闭环系统。

第三个发展阶段（20 世纪 80 年代至今），这一阶段是以机电一体化时代作为背景的，由于伺服电动机结构及其永磁材料、控制技术的突破性进展，出现了无刷直流伺服电动机（方波驱动）、交流伺服电动机（正弦波驱动）等种种新型电动机。

进入 20 世纪 80 年代后，因为微电子技术的快速发展，电路的集成度越来越高，对伺服系统产生了很重要的影响，交流伺服系统的控制方式迅速向微机控制方向发展，并由硬件伺服转向软件伺服，智能化的软件伺服将成为伺服控制的一个发展趋势。

伺服系统控制器的实现方式在数字控制中也在由硬件方式向着软件方式发展；在软件

方式中也是从伺服系统的外环向内环、进而向接近电动机环路的更深层发展。

目前，伺服系统的数字控制大都是采用硬件与软件相结合的控制方式，其中软件控制方式一般是利用微机实现的。这是因为基于微机实现的数字伺服控制器与模拟伺服控制器相比，具有以下优点。

（1）能明显地降低控制器硬件成本。速度更快、功能更新的新一代微处理机不断涌现，硬件费用会变得很便宜。体积小、质量轻、耗能少是它们的共同优点。

（2）可显著改善控制的可靠性。集成电路和大规模集成电路的平均无故障时（MTBF）大大长于分立元件电子电路。

（3）数字电路温度漂移小，也不存在参数的影响，稳定性好。

（4）硬件电路易标准化。在电路集成过程中采用了一些屏蔽措施，可以避免电力电子电路中过大的瞬态电流、电压引起的电磁干扰问题，因此可靠性比较高。

（5）采用微处理机的数字控制，使信息的双向传递能力大大增强，容易和上位系统机联运，可随时改变控制参数。

（6）可以设计适合于众多电力电子系统的统一硬件电路，其中软件可以模块化设计，拼装构成适用于各种应用对象的控制算法；以满足不同的用途。软件模块可以方便地增加、更改、删减，或者当实际系统变化时彻底更新。

（7）提高了信息存储、监控、诊断以及分级控制的能力,使伺服系统更趋于智能化。

（8）随着微机芯片运算速度和存储器容量的不断提高，性能优异但算法复杂的控制策略有了实现的基础。

3．高性能交流伺服系统的发展现状和展望

近年来，永磁同步电动机性能快速提高，与感应电动机和普通同步电动机相比，其控制简单、良好的低速运行性能及较高的性价比等优点使得永磁无刷同步电动机逐渐成为交流伺服系统执行电动机的主流。尤其是在高精度、高性能要求的中小功率伺服领域。而交流异步伺服系统仍主要集中在性能要求不高的、大功率伺服领域。

自20世纪80年代后期以来，随着现代工业的快速发展，对作为工业设备的重要驱动源之一的伺服系统提出了越来越高的要求，研究和发展高性能交流伺服系统成为国内外相同的科研方向。有些方面已经取得了很大的成果，这其中包括提高制作电动机材料的性能，改进电动机结构，提高逆变器和检测元件性能、精度等"硬形式"方面的研究和从控制策略的角度着手提高伺服系统性能等"软形式"上的研究。例如采用"卡尔曼滤波法"估计转子转速和位置的"无速度传感器化"；采用高性能的永磁材料和加工技术改进 PMSM 转子结构和性能，以通过消除/削弱因齿槽转矩所造成的 PMSM 转矩脉动对系统性能的影响；采用基于现代控制理论为基础的具有将强鲁棒性的滑模控制策略以提高系统对参数摄动的自适应能力；在传统 PID 控制基础上进入非线性和自适应设计方法以提高系统对非线性负载类的调节和自适应能力；基于智能控制的电动机参数和模型识别，以及负载特性识别。

对于发展高性能交流伺服系统来说，由于在一定条件下，作为"硬形式"存在的伺服电动机、逆变器以相应反馈检测装置等性能的提高受到许多客观因数的制约；而以"软形式"存在的控制策略具有较大的柔性，近年来随着控制理论新的发展，尤其智能控制的兴起和不断成熟，加之计算机技术、微电子技术的迅猛发展，使得基于智能控制的先进控制策略和基于传统控制理论的传统控制策略的"集成"得以实现，并为其实际应用奠定了物质基础。

伺服电动机自身是具有一定的非线性、强耦合性及时变性的"系统"，同时伺服对象也存在较强的不确定性和非线性，加之系统运行时受到不同程度的干扰，因此按常规控制策略很难满足高性能伺服系统的控制要求。为此，如何结合控制理论新的发展，引进一些先进的"复合型控制策略"以改进"控制器"性能是当前发展高性能交流伺服系统的一个主要"突破口"。

本章小结

工业机器人的控制技术是在传统机械系统的控制技术的基础上发展起来的；控制系统主要由硬件和软件组成；控制结构分为集中控制、主从控制、分散控制；工业机器人的控制方式有点位控制方式、连接轨迹控制方式、力矩控制方式、智能控制方式四种。

工业机器人驱动系统按动力源可分为液压驱动、气动驱动和电动驱动三种基本驱动类型。根据需要，可采用由三种基本驱动类型的一种，或合成式驱动系统。液压驱动是利用油液作为工作介质传递运动，最终推动工作机工作，适用于重载、低速驱动的工业机器人。气动驱动是以压缩空气作为工作介质，适用于中小负载驱动、精度要求较低的有限点位程序控制机器人。电动驱动是利用电动机产生的力或力矩直接或通过减速机构等间接的驱动机器人的各个运动关节的驱动方式，一般由电动机及其驱动器系统组成。适用于中小负载、要求具有较高的位置控制精度和轨迹控制精度、速度较高的机器人。

思考与练习题 4

1. 填空题

（1）工业机器人的控制系统主要包括＿＿＿＿＿＿、＿＿＿＿＿＿、＿＿＿＿＿＿、方面。

（2）机器人的控制结构按其控制方式不同可分为：＿＿＿＿＿＿、＿＿＿＿＿＿、分散控制方式。

（3）工业机器人的控制方式有点位式、＿＿＿＿＿＿、力（力矩）控制方式，智能控制方式。

（4）工业机器人的驱动器按动力源可分为＿＿＿＿＿＿，＿＿＿＿＿＿和电动驱动。

（5）伺服驱动器是通过＿＿＿＿＿＿、＿＿＿＿＿＿和＿＿＿＿＿＿三种方式对伺服电动机进行控制，实现高精度的统定位。

2. 选择题

（1）伺服驱动器一般分为两种结构：（　　　）和分离式。
　　　A. 集成式　　　　B. 分离式　　　　C. 统一式　　　　D. 集中式

（2）液压系统主要由（　　　）组成。

A．油泵   B．液动机

  C．控制调节装置   D．辅助装置

（3）气动驱动系统由（   ）组成。

  A．气源系统   B．气源净化辅助设备

  C．气动执行机构   D．空气控制阀和气动逻辑元件

（4）常用的驱动电动机有（   ）。

  A．直流伺服电动机   B．交流伺服电动机

  C．步进电动机   D．三相异步电动机

（5）步进电动机是一种将（   ）转换成相应的角位移或直线位移的数字模拟装置。

  A．速度信号 B．电脉冲信号 C．光信号   D．角速度信号

3．简答与分析题

（1）工业机器人的控制系统基本组成及其功能？

（2）工业机器人伺服系统的组成是什么？

（3）简述华数机器人 HSR-JR608 的控制与驱动系统的组成。

第5章

工业机器人的示教编程

导读

　　工业机器人编程方式主要经历三个阶段，即示教再现编程阶段、离线编程阶段和自主编程阶段。由于国内机器人起步较晚，目前生产中应用的机器人系统大多处于示教再现编程阶段。对于各种实用型工业机器人来说，示教再现编程既是其技术的核心所在，也是其功能实现的必由之路。离线编程较示教再现编程有诸多优点，但该技术对设备配置以及操作者的知识技能要求较高，所以还没有得到广泛应用。

　　本章重点介绍了工业机器人示教再现编程和离线编程的概念及其特点、示教再现编程的主要内容、示教再现编程的具体方法和步骤，并通过设置实训任务让学生进一步熟悉和掌握简单示教与再现作业的方法。

知识目标

（1）了解示教再现编程和离线编程的概念及特点。

（2）掌握工业机器人示教的主要内容。

（3）了解工业机器人示教再现编程的常见指令。

（4）掌握示教再现编程的操作方法。

能力目标

　　通过对工业机器人的一种示教再现编程方法的学习，能对工业机器人的其他方法进行示教再现编程。

5.1 工业机器人示教编程的概念及特点

5.1.1 示教再现的概念及其特点

机器人代替人进行作业时，必须预先对机器人发出指示，规定机器人应该完成的动作和作业的具体内容，同时机器人控制装置会自动将这些指令存储下来，这个过程就称为对机器人的"示教"。"再现"则是通过存储内容的回放，使机器人在一定精度范围内按照程序展现示教的动作和作业内容。

常见的示教再现编程方式为在线示教，分为直接示教和示教盒示教，如图5-1所示，直接示教又称人工牵引示教，是由操作者直接牵引装有力-力矩传感器的机器人末端执行器对工作实施作业，机器人实时记录整个示教轨迹与工艺参数，然后根据所记录的信息就能准确再现整个作业过程。示教盒示教是利用装在示教盒上的按钮可以驱动机器人按需要的顺序进行操作。在示教盒中，每一个关节都对应示教盒上的一对按钮，分别控制该关节在两个方向上的运动，有时还可以提供附加的最大允许速度控制。虽然为了获得最高的运行效率，人们一直希望机器人能实现多关节合成运动，但在示教盒示教方式下却很难实现多关节同时移动。

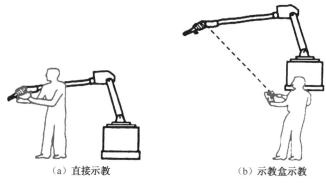

(a) 直接示教   (b) 示教盒示教

图 5-1 工业机器人在线示教示意图

1. 示教再现的优点

（1）只需要简单的装置和控制设备即可进行。
（2）操作简便，易于掌握。
（3）示教再现过程很快，示教后马上可以应用。

2. 示教再现的缺点

（1）编程占用机器人作业时间。
（2）很难规划复杂的运动轨迹以及准确的直线运动。
（3）示教轨迹的重复性差。
（4）无法接受传感信息。
（5）难以与其他操作或其他机器人操作同步。

5.1.2　离线编程的概念及其特点

机器人离线编程可分为两类：基于文本的编程和基于图形的编程。

基于文本的编程早期研究如 POWER 语言，是一种机器人专用语言，而这种编程方法缺少可视性，在现实中基本不采用。

基于图形的编程是利用计算机图形学的成果，建立起计算机及其工作环境的几何模型，并利用计算机语言及相关算法，通过对图形的控制和操作，在离线情况下进行机器人作业轨迹的规划。

离线编程程序通过支持软件的解释或编译产生目标程序代码，最后生成机器人路径规划数据并传送到机器人控制柜，以控制机器人运动，完成给定任务。一些离线编程系统带有仿真功能，通过对编程结果进行三维图形动画仿真，可以检验编程的正确性，解决编程时障碍干涉和路径优化问题。离线编程方法和数控机床中编写数控加工程序非常相似，离线编程有待发展为自动编程。

与示教再现编程相比，机器人离线编程的优点参见表 5-1。

表 5-1　示教再现编程与离线编程的比较

示教再现编程	离 线 编 程
需要实际机器人系统和工作环境	不需要实际机器人，只需要机器人系统和工作环境的图形模型
编程时机器人停止工作	编程时不影响机器人正常工作
在机器人系统上试验程序	通过仿真软件试验程序，可预先优化操作方案和运行周期
示教精度取决于编程者的经验	可用 CAD 方法进行最佳轨迹规划
难以实现复杂的机器人运行轨迹	可实现复杂运行轨迹的编程

除此之外，离线编程还具有以下优点：

（1）以前完成的过程或子程序可结合到待编的程序中，对于不同的工作目的，只需要替换一部分待定的程序。

（2）可用传感器探测外部信息，实现基于传感器的自动规划功能。

（3）程序易于修改，适合中、小批量的生产要求。

（4）能够实现多台机器人和外围辅助设备的示教和协调。

5.2　工业机器人示教的主要内容

工业机器人示教的内容主要由三部分组成，一是机器人运动轨迹的示教，二是机器人作业条件的示教，三是机器人作业顺序的示教。

5.2.1　运动轨迹的示教

机器人运动轨迹的示教主要是为了完成某一作业，工具中心点（TCP）所掠过的路径，包括运动路径和运动速度的示教，它是机器人示教的重点内容。机器人运动轨迹的控制方式有 PTP（点位控制）和 CP（连续轨迹控制）两种，PTP 控制方式只需要示教各段运动轨迹的端点，而两端点之间的运动轨迹（CP）由规划部分插补运算产生，CP 控制方式中，实际上是在 PTP 控制方式中尽量把插补点间隔取得很小，使得这些插补点之间的连线近似于一条连续直线。但无论哪种控制方式，都是以动作顺序为中心，通过使用示教这一功能，省略了作业环境内容和位置姿态的计算。

对于有规律的轨迹，仅示教几个特征点，计算机就能利用插补算法获得中间点的坐标，如直线需要示教两点，圆弧需要示教三点。例如，当示教如图 5-2（a）所示的直线运动轨迹时，弧焊机器人仅需示教两个属性点，即机器人按照程序点 P_2 输入的插补方式和移动速度从 P_1 移动到 P_2，然后在 P_2 和 P_3 之间按照 P_3 的插补方式和移动速度从 P_2 移动到 P_3 点，以此类推，最终到达 P_4 点。如图 5-2（b）所示的运动轨迹示教方法与图 5-2（a）相同，只是弧焊机器人在实现圆弧轨迹焊缝的焊接时，通常需要 3 个以上属性点。

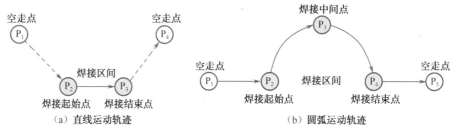

图 5-2　机器人运动轨迹

由此可见，机器人运动轨迹的示教主要是确认程序点的属性，每个程序点的属性主要包含以下 4 个信息。

1. 位置坐标

通过变换机器人的基坐标、关节坐标、工具坐标等使工具中心点到达指定位置，使用的坐标系不同时，工具中心点位置坐标的表达方式也不同。例如华数六轴机器人在基坐标下记录某个程序点的位置时，该点的坐标用 (x,y,z,A,B,C) 来表示，其中，x、y、z 表示机器人的位置，A、B、C 表示机器人的姿态；如果在关节坐标系记录，该点的坐标则由各个轴的角度 $(J_1,J_2,J_3,J_4,J_5,J_6)$ 来表示。

2. 插补方式

机器人再现时，从前一程序点到达指点定程序的运动类型，机器人常见的插补方式有三种：关节插补（J）、直线插补（L）和圆弧插补（C）。三种插补方式的具体说明参见表 5-2。

表 5-2　工业机器人的常见插补方式

插补方式	动作描述	动作图示
关节插补	机器人在未规定何种轨迹移动时，默认采用关节插补，出于安全考虑，通常在 P[1]点用关节插补示教	P[1]　　　　　　　　　　　P[2]

续表

插补方式	动 作 描 述	动 作 图 示
直线插补	TCP沿直线运动到目标位置，示教时直线插补在目标点P[2]定义即可	P[1] ——— P[2]
圆弧插补	TCP沿圆弧轨迹从起始点经过中间点移动到目标位置，示教时圆弧插补在中间点P[2]和目标点P[3]定义即可	P[1] P[2] P[3]

3. 空走点/作业点

机器人再现时，如从当前程序点到下一程序点不需要实施作业，则当前点就称为空走点，反之为作业点。作业开始点和结束点一般都需要输入相应的命令。如华中数控工业机器人，焊接作业开始命令为ARC__START，焊接结束命令为ARC__END。

4. 进给速度

进速给度是指机器人运动的速度。在作业再现时，进给速度可以通过倍率进行修调，进给速度的单位取决于动作指令的类型。例如：

（1）J P[1] 50% FINE；

（2）L P[1] 100mm/sec FINE；

（3）C P[1] P[2] 100mm/sec CNT50。

5.2.2 作业条件的示教

作业条件是根据机器人作业内容的不同而变化的，为了获得较好的产品质量和作业效果，在机器人再现之前，有必要合理设置其作业的工艺参数。例如，点焊作业时的电流、电压、时间和焊钳类型等；弧焊作业时的电流、电压、速度和保护气流量等；喷涂作业时的喷涂液吐出量、旋杯旋转、调扇幅气压和高电压等。工业机器人常用的作业条件输入法主要有以下三种。

1. 使用作业条件文件

根据工业机器人应用领域的不同，各种专业机器人会安装不同的作业软件包，每个软件包会包含针对作业内容的不同作业条件文件。例如，机器人弧焊作业时，通常会有引弧条件文件、熄弧条件文件和焊接辅助条件文件，每种文件的调用会以编号形式指定，可使作业命令的应用更为简便。

2. 在作业指令中直接设定

作业指令中通常会显示部分作业条件，如运动指令：J P[1] 100% FINE；其中，100%

指的是机器人的进给速度，FINE 指的是机器人的运动路径，类似这样的作业条件均可在指令中直接进行设定。

3. 手动设定

在某些作业场合中，一些作业参数需要手动进行设定，如弧焊作业时保护气流量。

5.2.3 作业顺序的示教

合理的作业顺序不仅可以保证产品质量，而且还可以有效提高工作效率。工业机器人作业顺序的示教就是解决机器人以什么样的顺序运动，以什么样的顺序与周边装置同步的问题。

1. 作业对象的工艺顺序

对于简单作业场合，作业顺序的设定跟运动轨迹点一致；对于复杂作业场合，作业顺序的设定涉及到机器人运动轨迹合理规划问题，在此不做详细分析。

2. 机器人与外围设备的动作顺序

在完整的机器人系统中，除机器人本体外，还包括一些外围设备，如焊机、变位机、移动滑台等。机器人要完成期望的动作，必须依赖控制系统与外围设备的有效配合，以减少停机时间，提高工作效率、安全性和作业质量。

5.3 工业机器人示教编程的语言及常见指令

机器人再现过程的实现关键就是在示教的过程中，机器人把工作单元的作业过程用机器人语言自动编写成程序，机器人语言是由一系列指令组成的。和计算机语言类似，机器人语言可以编译，即把机器人源程序转换成机器码或可供机器人控制器执行的目标代码，以便机器人控制柜能直接读取和执行。一般用户接触到的语言都是机器人公司自己开发的针对用户的语言平台，通俗易懂，在这一层次，每一个机器人公司都有自己的语法规则和语言形式，但是，不论变化多大，其关键特性都很相似，因此，只要掌握一种机器人的示教方法，其他机器人的示教编程就很容易学会。

5.3.1 运动指令

运动指令是机器人示教时最常用的指令，它实现以指定速度、特定路线模式等将工具从一个位置移动到另一个指定位置。在使用运动指令时需指定以下几项内容。

1. 动作类型

动作类型是指定采用什么运动方式来控制到达指定位置的运动路径。

2. 位置数据

位置数据是指定运动的目标位置。

3. 进给速度

进给速度是指定机器人运动的进给速度。

4. 定位路径

定位路径是指定相邻轨迹的过渡形式，具有以下两种形式：

（1）FINE 相当于准确停止。当指定 FINE 定位路径时，机器人在向下一个目标点驱动前，停止在当前目标点上。示教：如等待指令，机器人应停止在目标点上来执行该指令，即使用 FINE 定位路径。

（2）CNT 相当于圆弧过渡，CNT 后的数值为过渡误差，该数值的取值范围为 0～100。CNT0 等价于 FINE，当指定 CNT 定位路径时，机器人逼近一个目标点但是不停留在这个目标点上，而是向下一个目标点移动，其取值为逼近误差。例如 CNT50，表示目标 P[i] 点到机器人实际运行路径的最短距离为 50 mm。

使用 CNT 和 FINE 时，机器人运动路径如图 5-3 所示。

5. 附加运动指令

附加运动指令是指定机器人在运动过程中的附加执行指令。

运动指令格式如图 5-4 所示。

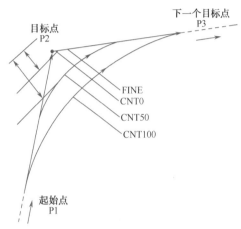

图 5-3　CNT 与 FINE 运动路径图示

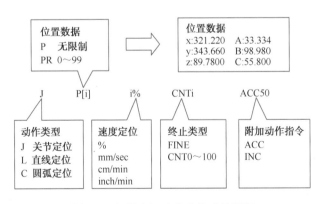

图 5-4　机器人运动指令格式及图解

在程序示教的过程中，使用菜单树中的"运动指令"即可添加标准的运动指令。

例如，华中数控机器人的运动类型分别用"J"、"L"、"C"来表示，与 FANUC 机器人运动类型的表示方法相同，而对于相同的运动类型，其他机器人的表示会有所不同，参见表 5-3，但其所表示的意义却相同。

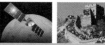

表 5-3　常见工业机器人编程语言的对比

机器人 运行方式	ABB	KUKA	FANUC	YASKAWA
点到点（PTP）	MoveJ	PTP	J	MOVJ
直线运动	MoveL	LIN	L	MOVL
圆弧运动	MoveC	CIRC	C	MOVC

5.3.2　R 寄存器指令

寄存器指令主要是在寄存器上完成算术运算。根据运算表达式左值的类型，可以将寄存器指令分为：R 寄存器、位置寄存器指令 PR[i]及位置寄存器轴指令 PR[i,j]。简单作业示教时经常使用的是 R 寄存器。

R 寄存器是一个存储数据的变量，华中数控机器人系统提供了 200 个 R 寄存器。指令格式：R[i]=(value)，R[i]=(value)指令把数值（value）赋值给指定的 R 寄存器。其中，i 的范围是 0～199；（value）常取常数（constant）和寄存器（R），如 R[1]=500。

5.3.3　I/O 指令

I/O 指令用于改变向外围设备的输出信号，或读取输入信号的状态。如 WAIT X[02,3]=ON，表示等待外部设备给机器人一个数字信号；Y[02,3]=ON，表示给外部设备输出一个数字信号。[02,3]表示机器人信号输出端接线端口，如图 5-5 所示，用户可以根据情况自定义端口。

图 5-5　机器人接线端口

5.3.4　条件指令

条件指令由 IF 开头，用于比较判断是否满足条件，若满足则执行后面的 JMP 或 CALL 指令。支持的比较运算符有>、>=、=、<=、<、<>，还可以使用逻辑与（AND）和逻辑或（OR）指令对这些条件语句进行运算。

5.3.5　等待指令

等待指令用于在一个指定的时间段内，或者直到某个条件满足时的时间段内，结束程序的指令，等待指令包括以下两种。

1. 指定时间的等待指令

等待一个指定的时间（以秒为单位）后，再执行后续程序。指令格式：WAIT　（value）sec，其中 value 值可以为 constant，也可为 R[i]。

示例：

（1）WAIT　10sec；

（2）WAIT R[1]sec。

2. 条件等待指令

等待指定的条件满足后，再执行后续程序。如果没有指定操作（processing），程序将无限期等待，直到满足指定的条件为止。

5.3.6　流程控制指令

流程控制指令用来控制程序的执行顺序，控制程序从当前行跳转到指定行去执行，流程控制指令包括：标签指令、程序结束指令、无条件跳转指令、子程序调用指令。

1. 标签指令

标签指令用于指定程序执行的分支跳转的目标。标签一经执行，对于条件指令、等待指令和无条件跳转指令都是适用的。不能把标签序号指定为间接寻址（如 LBL[R[1]]）。指令格式：LBL[i]，其中 i 值为 1～32 767。

2. 程序结束指令

程序结束指令标志着一个程序的结束。通过这个指令终止程序的执行，如果该程序是被其他的主程序调用，则控制该子程序返回到主程序中。程序结束指令在新建程序时，系统已自动添加到程序文件的末尾，不需要用户自己添加。指令格式：END。

3. 无条件跳转指令

无条件跳转指令是指在同一个程序中，无条件地从程序的一行跳转到另一行去执行，即将程序控制转移到指定的标签。指令格式：JMP LBL[i]，其中 i 值为 1～32 767。

4. 子程序调用指令

子程序调用指令将程序控制转移到另一个程序（子程序）的第一行，并执行子程序。当子程序执行到程序结束指令（END）时，控制会迅速返回到调用程序（主程序）中的子程序调用指令的下一条指令，继续向后执行。指令格式：CALL(子程序名)。

5.4　示教再现安全操作规程

5.4.1　示教和手动操作时

（1）禁止用力摇晃机器人手臂及在手臂上悬挂重物。

（2）示教时切勿戴手套，根据作业内容穿戴和使用规定的工作服和保护用具等。

（3）未经允许不得擅自开启机器人，调试人员进入工作区域时，应随身携带示教器，以免他人误操作。

（4）示教前，应仔细确认示教器上各功能按钮是否能正常工作，尤其如【急停键】和【安全开关】等。

（5）对于初学者，在手动操作时应尽量采用较低速度倍率，以便很好地掌控机器人。

（6）在规划机器人运动路径时，要考虑避让点。

（7）察觉到有危险时，应立即按下【急停键】，中止机器人的工作。

5.4.2 再现和生产时

（1）在开机运行前，须知道机器人根据所编程序将要执行的全部任务。

（2）须知道所有会左右机器人移动的开关、传感器和控制信号的位置和状态。

（3）当机器人处于自动模式时，应远离机器人本体动作区间。

（4）运行作业程序时，要事先跟踪检查一遍程序。

（5）机器人在运行中途停止时，一定要等待几分钟再靠近机器人，因为此时有可能是程序中编写了等待命令。

5.5 示教再现的方法与步骤

工业机器人示教再现的流程如图 5-6 所示。

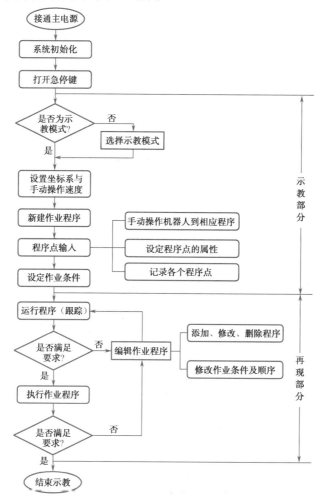

图 5-6 工业机器人示教再现编程流程图

根据工业机器人示教再现流程，以华中数控机器人为例，示教一个如图5-7所示的焊接程序。

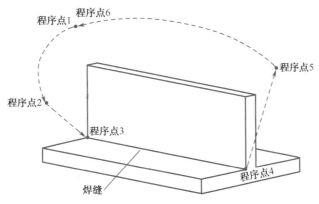

图5-7 弧焊机器人运动轨迹

在图5-7中共有6个程序点，每个程序点的含义参见表5-4。

表5-4 程序点含义

程序点	含义	程序点	含义	程序点	含义
程序点1	作业原点	程序点3	作业开始点（起弧点）	程序点5	作业规避点
程序点2	作业临近点	程序点4	作业结束点（收弧点）	程序点6	作业原点

1. 示教前的准备

1）工业机器人示教前对系统的准备工作

工业机器人示教前对系统的准备工作包括：接通机器人主电源→等待系统完成初始化后→打开急停键→选择示教模式并设置合适的坐标系与手动操作速度→准备工作做好后→新建一个程序→录入程序点并插入机器人指令进行示教。

（1）设置坐标系。工业机器人常见的坐标系有基坐标系、关节坐标系、工具坐标系和工件坐标系，根据作业对象，通过变换这四种坐标系，以使机器人以最佳的位置和姿态实施作业。

（2）手动操作速度的设定。进入手动操作界面，如图5-8所示。通过点击示教器屏幕上的修调值"＋"和"-"来调整轴的移动速度，其修调值依次为 1、2、3、4、5、10、20、30、40、50、60、70、80、90、100。数字越大，机器人行走速度越快，初次示教时，示教速度应尽可能低一些，高速度示教有可能带来危险。

2）作业前对工件的处理

（1）工件表面清理。使用焊件清理专用工具，将其上的铁锈、油污及其他杂质清理干净。

（2）工件的装夹。利用特定夹具将工件固定在机器人工作台上。

图 5-8　机器人手动操作界面

（3）安全确认。确认机器人与操作者、机器人与周围环境保持安全距离。

2. 新建示教程序

示教程序是用机器人语言描述机器人工作单元的作业内容，并由一系列示教数据和机器人指令所组成的语句。

单击示教界面下方左侧的"新建程序"按钮，在弹出的对话框中输入程序名，可新建一个空的程序文件，如图 5-9 所示，新建程序后的示教窗口如图 5-10 所示。

图 5-9　新建程序　　　　　　　　　　图 5-10　完成新建程序的示教窗口

3. 程序点的输入

如图 5-7 所示的运动轨迹，具体示教方法参见表 5-5。

表 5-5　图示运动轨迹的示教方法

程 序 点	示 教 方 法
程序点 1 （作业原点）	（1）手动操作机器人到作业原点； （2）将程序点 1 的属性设定为"空走点"，插补方式选"关节插补"； （3）确认保存程序点 1，作为作业原点

续表

程　序　点	示　教　方　法
程序点 2 （作业临近点）	（1）手动操作机器人到程序点 2； （2）将程序点 2 的属性设定为"空走点"，插补方式选"关节插补"； （3）确认保存程序点 2，作为作业临近点
程序点 3 （起弧点）	（1）手动操作机器人到程序点 3； （2）将程序点 3 的属性设定为"作业点（起弧点）"，插补方式选"直线插补"； （3）确认保存程序点 3，作为作业开始点（起弧点）； （4）有必要时，手动插入焊接开始时的命令
程序点 4 （收弧点）	（1）手动操作机器人到程序点 4； （2）将程序点 4 的属性设定为"空走点"，插补方式选"直线插补"； （3）确认保存程序点 4，作为作业结束点（收弧点）； （4）有必要时，手动插入焊接结束命令
程序点 5 （作业规避点）	（1）手动操作机器人到程序点 5； （2）将程序点 5 的属性设定为"空走点"，插补方式选"直线插补"； （3）确认保存程序点 5，作为作业规避点
程序点 6 （作业原点）	（1）手动操作机器人到程序点 6； （2）将程序点 6 的属性设定为"空走点"，插补方式选"关节插补"； （3）确认保存程序点 6，作为作业原点

注：程序点 6 和程序点 1 属同一点，所以对于程序点 6 的示教，还可利用程序的编辑命令（如剪切、复制、粘贴等），将程序点 1 的语句复制过来

4. 设定作业条件及作业顺序

本例中，焊接作业条件主要涉及以下 3 个方面。

（1）在程序点 3 的位置设定起弧命令（如起弧电流和电压、焊接速度等），以及焊接开始动作的顺序。

（2）在程序点 4 的位置设定收弧命令（如收弧电流和电压、收弧时间等），以及焊接结束的动作顺序。

（3）在编辑模式下，也可设定合理的焊接工艺参数（如焊接电流、电压等），并手动调节保护气体流量。

输入作业轨迹、作业条件和作业顺序后，生成的程序如下：

```
1: Y[02,3]=ON    //设置焊接方式为无脉冲，[02,3]是根据机器人硬件接线法设定的
2: J P[1] 50%  FINE    //以关节插补方式运行到程序点 1 的位置
3: J P[2] 50%  FINE    //以关节插补方式运行到程序点 2 的位置
4: L P[3] 500mm/sec FINE    //以直线插补方式运行到程序点 3 的位置
5: ARC_START[24V,200A]    //被焊工件材质、厚度等不同，起弧电流、电压相应改
                          //变，该指令包含了检气控制、气阀打开、焊接启动信号
                          //和送丝速度等信息
6: L P[4] 50mm/sec FINE    //以直线插补方式运行到程序点 4 的位置
7: ARC_END[24V,200A,0sec]    //被焊工件厚度不同，收弧电流、电压相应改变
8: L P[5] 500mm/sec FINE    //以直线插补方式运行到程序点 5 的位置
```

```
9：J  P[1]  50%  FINE  //以关节插补方式运行到程序点6的位置，本例中P[6]和P[1]
                       //属同一点
10：END  //程序结束指令
```

5. 运行确认（跟踪）

在完成整个示教过程后，进入程序运行界面，对该过程进行"再现"测试，以便检查各程序点及其参数设定是否正确。一般机器人常采用的跟踪方式有单步运行和连续运行。

（1）单步运行。

选择该运行模式，系统会在执行完一行（光标所在行）程序后停止。

（2）连续运行。

若为连续运行，则系统会连续运行完整的程序。

有些机器人系统还会设置单周/循环模式，选择单周运行模式，系统会在运行完当前程序后停止，若选择循环模式，则系统运行完程序后，会再次从程序首行重新运行。

6. 执行作业程序

程序经检查无误后，如需执行作业程序，则执行如下操作步骤。

（1）切换至"自动运行"界面，在该模式下可以运行机器人程序，任何程序都必须先加载到内存中才能运行。"自动运行"界面如图5-11所示。

网络	报警	自动 停止	Mem:377MB	可用存储空间:37.38MB	已运行时间:14分31秒

	程序名称：	关节	坐标	速度
自动运行		J1	0.0	0.0
示教		J2	0.0	0.0
		J3	0.0	0.0
手动运行		J4	0.0	0.0
		J5	0.0	0.0
寄存器		J6	0.0	0.0
		E1	0.0	0.0
IO信号		E2	0.0	0.0
		E3	0.0	0.0
参数设置		− 修调值 40% +		
生产管理	启动 停止 连续 单周 加载程序			

图5-11 "自动运行"界面

（2）加载程序。用户可选择并加载现有的程序文件，启动加载了的程序后，机械人会根据程序文件的内容进行相关的动作。

单击"加载程序"按钮，会显示当前可用的所有程序文件的列表，如图5-12所示，选择所需加载程序文件并单击"确认"按钮即可加载选定的程序文件。

（3）自动运行程序。

"自动运行"界面中的"启动/暂停"按钮和"停止"按钮可控制程序运行的启停。

"连续/单步"按钮和"单周/循环"按钮可设置程序自动运行的方式。

至此，图5-7的焊接作业示教再现过程全部完成。

图 5-12　加载程序列表

实训 5　示教工作搬运程序

1. 实训内容

示教一个如图 5-13 所示的工件搬运程序。

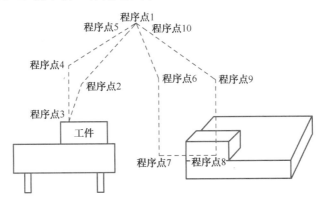

图 5-13　机器人搬运轨迹示意图

2. 实训目的

（1）熟悉图示搬运过程的运动轨迹。
（2）掌握示教再现编程的操作方法与步骤。
（3）通过示教，熟悉机器人常用指令。

3. 实训步骤

（1）写出图示中各程序点的含义。
（2）明确运动轨迹，并说明各程序点的示教方法。

（3）熟悉机器人控制柜及示教器上的常用按钮，并简单测试其功能键是否正常。

（4）排除机器人周围障碍，由教师首先进行讲解演示，然后学生分组练习。

（5）课后撰写实训报告。

拓展与提高5　机器人插补方式的运用

下面以松下焊接机器人为例来说明。

1）圆弧插补的运用

直线插补适用于圆弧起始点。

在有两个及两个以上圆弧路径组合的情况下，在保存一个独立的圆弧路径的圆弧起始点之前，将两个圆弧路径共有的示教点保存为一个直线插补点或PTP插补点，如图5-14所示的 a 点。

2）直线插补的运用

对于焊接机器人，常会沿着一条直线做一定振幅的摆动运动。直线摆动程序先示教一个摆动起始点（如 MOVELW），再示教两个振幅点（如 WEAVEP）和一个摆动结束点（如 MOVELW），设置方式如图5-15所示。

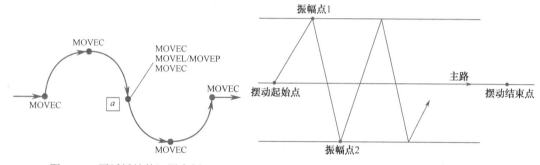

图5-14　圆弧插补的运用实例　　　　　图5-15　直线摆动插补方式

图5-15的运用说明参见表5-6。

表5-6　直线摆动插补方式运用说明

（1）摆动起始点	（2）振幅点1
① 在摆动起始点单击回车键，出现示教点登录窗口； ② 确定插补方式为"MOVELW"焊接点，并设置其他参数，单击回车键或单击屏幕上的"OK"按钮，作为摆动起始点保存该点； ③ 屏幕出现"是否将下一示教点设为振幅点"的确认界面，单击"是"按钮	① 移动机器人到振幅点1，单击回车键，在弹出的对话框中设置插补方式为"WEAVEP"，并设置其他参数，单击回车键或单击屏幕上的"OK"按钮，作为振幅点1保存该点； ② 屏幕再次出现"是否将下一示教点设为振幅点"的确认界面，单击"是"按钮
（3）振幅点2	（4）摆动结束点
① 移动机器人到振幅点2； ② 采用与振幅点1同样的方式保存振幅点2； ③ 如果摆动形式为4或5，则以同样的方式多示教两个点3和4	① 移动机器人到摆动结束点，单击回车键，弹出增加示教点对话框，插补方式设为"MOVELW"，单击回车键或单击屏幕上的"OK"按钮，作为摆动结束点保存该点； ② 屏幕出现"是否将下一示教点设为振幅点"的确认界面，单击"否"按钮

拓展与提高6 机器人作业程序的编辑

机器人的运行确认（跟踪）操作用于检查在示教操作中所保存程序点的真实位置和作业条件，利用此操作，可以找到示教点对应的操作命令，如果在运行过程中发现示教点不合适，可编辑、改变示教点的位置和数据，具体操作说明参见表5-7。

表 5-7 示教点的编辑

编辑内容	操 作 说 明	动 作 图 示
示教点的增加	① 利用跟踪功能移动机器人到需要新增示教点的位置； ② 手动操作机器人到新增示教点的位置（示教点3）； ③ 编辑类型切换为增加； ④ 进入增加示教点对话框后，设置相应参数并单击"确定"按钮，保存新增示教点	示教点1　　　　示教点2 示教点3
示教点的改变	① 利用跟踪功能移动机器人到需要更改的示教点的位置（示教点2）； ② 转换编辑类型为替换； ③ 手动操作机器人到新的目标点的位置（示教点4）； ④ 进入改变示教点对话框后，设置相应参数并单击"确定"按钮，更新示教点	示教点1　示教点4　示教点3 示教点2
示教点的删除	① 利用跟踪功能移动机器人到需要删除的示教点的位置（示教点2）； ② 编辑类型切换为删除； ③ 进入删除示教点对话框后，设置相应参数并单击"确定"按钮，删除该点	示教点1　　　　示教点3 示教点2

拓展与提高7 工具中心点（TCP）的标定

工业机器人通过末端安装不同的工具完成各种作业，要想让机器人末端工具精确到达某一确定的位姿，并能够始终保持这一姿态。从机器人运动学角度讲，就是在工具中心点（TCP）固定一个坐标系，控制其相对于机器人坐标系的位姿，此坐标系称为工具坐标系。工具坐标系的准确度直接影响着机器人轨迹的精度。默认工具坐标系的原点位于机器人安装法兰中心，当安装不同的工具（如焊枪、吸盘、机械手抓等）时，工具需获得一个用户定义的直角坐标系，其原点在用户定义的参考点（TCP）上。

目前，常采用多点（三点、四点、五点、六点）标定法对机器人工具坐标系进行标定，标点点数越多，工具坐标系的准确度越高，从而机器人的运动轨迹越精确。以华中数控 HSR-6 Android 机器人为例，来说明工具坐标系的三点标定法。单击"工具坐标设定"按钮，可弹出

"工具坐标设定"对话框并设置相应工具坐标系的各个坐标值，如图 5-16 所示。

工具坐标系三点标定的详细操作步骤如下：

（1）在机器人运动范围内找一个固定位置作为参考点；

（2）在工具上确定一个参考点（一般为工具中心点 TCP）；

（3）单击工具坐标系进入到工具坐标系界面，选中需要标定的工具号（工具 0 不能被标定），单击"坐标标定"按钮，可弹出"坐标标定"对话框，如图 5-17 所示。

⚠ 工具坐标设定				⚠ 坐标标定		
工具0	⦿ **工具0**			**工具0**	三点标定 ▾	修改位置
工具1	○	X	0.0			
工具2	○	Y	0.0			
工具3	○			接近点1		
工具4	○	Z	0.0			
工具5	○	A	0.0	接近点2		
工具6	○	B	0.0			
工具7	○			接近点3		
工具8	○	C	0.0			
工具9	○	清除坐标	坐标标定			
确认	取消			确认	取消	

图 5-16 "工具坐标设定"对话框　　　　　　图 5-17 "坐标标定"对话框

（4）在图 5-17 所示对话框中，单击下拉框可选择标定方式，此处选择"三点标定"，选中一个被标定点，如选择"接近点 1"，然后单击"修改位置"按钮，会显示如图 5-18 所示的"手动运行"界面，供用户手动修改工具参考点位置到固定点。

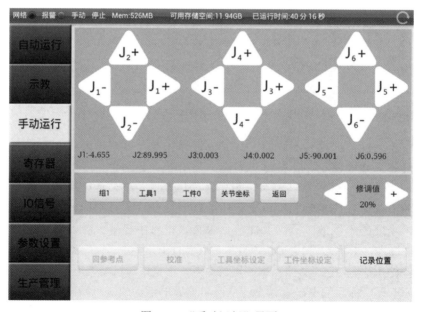

图 5-18 "手动运行"界面

（5）点动机器人到想要记录的点，单击"记录位置"为确认修改接近点的坐标值，接近点 1 位置记录完成，界面如图 5-19 所示，开始记录接近点 2 的位置。

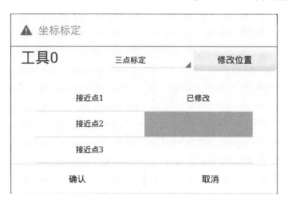

图 5-19　接近点 1 指定完成

（6）按照上述方法指定接近点 2、3 的位置，当三个位置都显示"已修改"时，单击"确认"按钮，即完成三点标定，此时相应工具标定完成。

说明：接近点 1、接近点 2、接近点 3 是指采用三种不同的工具姿态尽可能接近同一固定点。工具坐标系六点标定法与三点标定法原理基本相同，只是在三点的基础上，多增加了三个不同姿态的位置点，如图 5-20 所示。

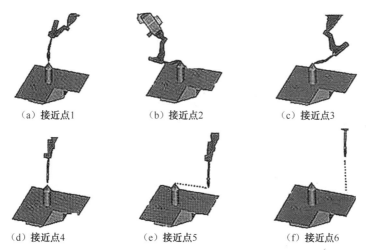

（a）接近点1　　（b）接近点2　　（c）接近点3
（d）接近点4　　（e）接近点5　　（f）接近点6

图 5-20　工具坐标系六点标定图示

图中接近点 4 是工具参考点垂直于固定点的位置，接近点 5 是工具参考点从固定点向 X 方向移动后的任意一点，接近点 6 是工具参考点从固定点向 Z 方向移动后的任意一点。

本章小结

示教再现编程是一种可重复再现通过示教编程存储起来的作业程序的机器人。示教再现编程常通过下述方式完成程序的编制：由人工导引机器人末端执行器（安装于机器人关节结构末端的夹持器、工具、焊枪、喷枪等），或由人工操作导引机械模拟装置，或用示教盒（与控制系统相连接的一种手持装置，用以对机器人进行编程或使之运动）来使机器人完成预期的动作，最终机器人以作业程序（由一组运动及辅助功能指令构成）的形式将其动作命令记录下来，以实现作业的再现。示教再现因简单直观、易于掌握、系统成熟，成为目前普遍采用的编程方式。

示教再现编程的主要内容为：运动轨迹的示教、作业条件和作业顺序的示教，其中作业轨迹的示教是机器人示教的重点内容。任何一个完整的示教作业都要经历上述三种示教过程，运动轨迹的示教关键要清楚每一程序点的属性。作业条件示教时会涉及一些工艺参数及作业指令，因此，要求操作者要对相关作业的工艺和机器人指令有所了解；简单的作业过程，作业顺序的设定同机器人运动轨迹的示教合二为一，对于较复杂的作业过程，还需考虑机器人与外围设备的相互协调配合。

思考与练习题 5

1. 填空题

（1）_____机器人是一种可重复再现通过示教编程存储起来的作业程序的机器人。

（2）对于动作复杂、操作精度要求高的工业机器人，一般采用_____编程方式。

（3）机器人运动轨迹的控制方式有_____和_____两种，_____控制方式只需示教各段运动轨迹的端点。

（4）由于机器人应用场合不同，机器人末端器安装的工具也有所不同，机器人的最终使用精度取决于末端执行器的_____上。

（5）_____操作用于检查在示教操作中所保存程序点的真实位置和条件。利用此操作可以找到示教点对应的命令，从而对程序点进行编辑。

2. 选择题

（1）示教-再现控制为一种在线编程方式，它的最大问题是（　　　　）。
　　A．操作人员劳动强度大　　　　　　　B．占用生产时间
　　C．操作人员安全问题　　　　　　　　D．容易产生废品

（2）通常对机器人进行示教编程时，要求最初程序点与最终程序点的位置（　　　　），可提高工作效率。
　　A．相同　　　　　B．不同　　　　　C．无所谓　　　　D．分离越大越好

（3）对机器人进行示教时，模式旋钮打到示教模式后，在此模式中，外部设备发出的启动信号（　　　　）。
　　A．无效　　　　B．有效　　　　C．延时后有效

（4）对于有规律的轨迹，仅示教几个特征点，计算机就能利用（　　　　）获得中间点的坐标。
　　A．优化算法　　　B．平滑算法　　　C．预测算法　　　D．插补算法

（5）与示教再现编程方式相比，离线编程具有如下优点：（　　　　）

① 占用机器人的时间较短；

② 使编程人员远离危险的工作环境；

③ 便于机器人程序的修改；

④ 可实现多台机器人和辅助外围设备的示教和协调；

⑤ 便于和 CAD 或 CAM 系统结合

A ①②③④　　　　B．①②③④⑤　　　C．①③④⑤　　　D．①③④⑤

3. 简答与分析题

（1）如图 5-21 所示，假设直线线段为 PTP 移动在圆弧段进行焊接，请按从左开始至右结束的顺序，标出各点的插补类型（包括焊接点和空走点）。

图 5-21　圆弧的插补练习

（2）机器人运动指令中的定位路径有几种形式？分别用于什么情况下？

（3）简述工业机器人示教时，对工具中心点（TCP）标定的意义。

第6章

工业机器人工作站及生产线

导读

工业机器人应用非常广泛，而孤立的一台机器人在生产中没有任何应用价值，只有给机器人配以相适应的辅助机械装置等周边设备，机器人才能成为实用的加工设备。本章根据工业机器人产业发展对工业机器人应用人才培养的要求，主要介绍了工业机器人弧焊工作站及工业机器人生产线相关内容。

知识目标

（1）了解工业机器人工作站的组成、特点。

（2）熟悉弧焊机器人工作站的组成。

（3）了解工业机器人生产线。

能力目标

（1）能够正确选用弧焊机器人。

（2）能够识别常见弧焊机器人工作站基本构成。

6.1　认识工作站

工业机器人是一台具有若干个自由度的机电装置，孤立的一台机器人在生产中没有任何应用价值，只有根据作业内容、工作形式、质量和大小等工艺因素，给机器人配以相适应的辅助机械装置等周边设备，机器人才能成为实用的加工设备。

6.1.1　工业机器人工作站的组成

工业机器人工作站是指使用一台或多台机器人，配以相应的周边设备，用于完成某一特定工序作业的独立生产系统，也可称为机器人工作单元。它主要由工业机器人及其控制系统、辅助设备以及其他周边设备所构成。

工业机器人工作站是以工业机器人作为加工主体的作业系统。由于工业机器人具有可再编程的特点，当加工产品更换时，可以对机器人的作业程序进行重新编写，从而达到系统柔性要求。

然而，工业机器人只是整个作业系统的一部分，作业系统包括工装、变位器、辅助设备等周边设备，应该对它们进行系统集成，使之构成一个有机整体，才能完成任务，满足生产需求。

工业机器人工作站系统集成一般包括硬件和软件两个过程。硬件集成需要根据需求对各个设备接口进行统一定义，以满足通信要求；软件集成则需要对整个系统的信息流进行综合，然后再控制各个设备按流程运转。

6.1.2　工业机器人工作站的特点

1. 技术先进

工业机器人集精密化、柔性化、智能化、软件应用开发等先进制造技术于一体，通过以过程实施检测、控制、优化、调度、管理和决策，实现增加产量、提高质量、降低成本、减少资源消耗和环境污染为目的，是工业自动化水平的最高体现。

2. 技术升级

工业机器人与自动化成套装备具有精细制造、精细加工以及柔性生产等技术特点，是继动力机械、计算机之后出现的全面延伸人的体力和智力的新一代生产工具，是实现生产数字化、自动化、网络化以及智能化的重要手段。

3. 应用领域广泛

工业机器人与自动化成套装备是生产过程的关键设备，可用于制造、安装、检测、物流等生产环节，并广泛应用于汽车整车及汽车零部件、工程机械、轨道交通、低压电器、电力、IC 装备、军工、烟草、金融、医药、冶金及印刷出版等行业。

4. 技术综合性强

工业机器人与自动化成套技术集中并融合了多项学科，涉及多项技术领域，包括工业机器人控制技术、机器人动力学及仿真、机器人构建有限元分析、激光加工技术、模块化程序设计、智能测量、建模加工一体化、工厂自动化以及精细物流等先进制造技术，技术综合性强。

6.2　工业机器人焊接工作站系统

焊接机器人是应用最广的一类工业机器人，在各国机器人应用比例中占总数的 40%～60%。

采用机器人焊接是焊接自动化的革命性进步，它突破了传统的焊接刚性自动化方式，开拓了一种柔性自动化新方式。焊接机器人分弧焊机器人、点焊机器人和激光焊接机器人。

焊接机器人的主要优点介绍如下：

（1）易于实现焊接产品质量的稳定和提高，保证其均一性。

（2）提高生产率，一天可 24h 连续生产。

（3）改善工人劳动条件，可在有害环境下长期工作。

（4）降低对工人操作技术难度的要求。

（5）缩短产品更新换代的准备周期，减少相应的设备投资。

（6）可实现批量产品焊接自动化。

（7）为焊接柔性生产线提供技术基础。

下面以弧焊工作站为例介绍工作站的相关内容。

6.2.1　工业机器人弧焊工作站的工作任务

工作任务：低压电气柜柜体的焊接生产。

低压电气柜是电气行业使用数量较大的一种产品。开关柜柜体是开关柜内工作量最大的部件。一个柜体有 80～100 条焊缝，总长 2 m 左右。柜体体积适中，非常适合用一个小型机器人弧焊工作站完成焊接工作。

柜体上的焊缝均为直线形，但空间布置复杂，内腔体积狭小且零件较多，低压电气柜柜体示意图如图 6-1 所示。由此可见，柜体焊接在焊接参数选择上不是难点，其关键在于：

（1）生产流程的分配。

（2）卡具的设计制造。

（3）生产节拍能否满足要求。

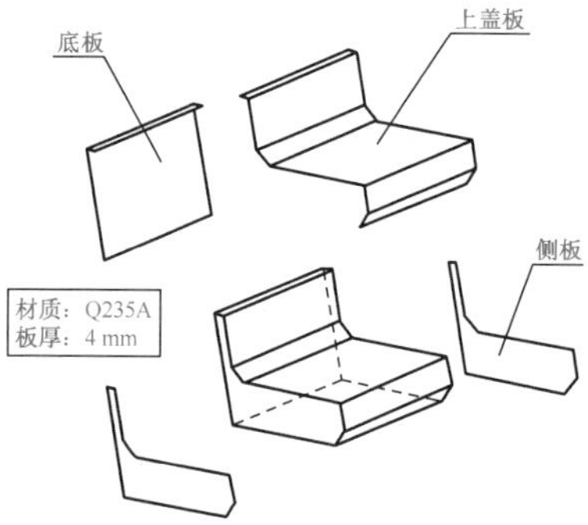

图 6-1　低压电气柜柜体示意图

6.2.2　工业机器人弧焊工作站的组成

工业机器人弧焊工作站由机器人系统、焊枪、焊接电源、送丝装置、焊接变位机、保护气气瓶总成等组成，整体布置如图 6-2 所示，系统图如图 6-3 所示。

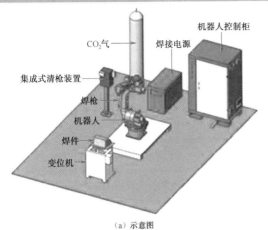

（a）示意图

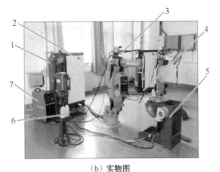

（b）实物图

1—CO$_2$气（气瓶）；2—机器人控制柜；3—机器人；
4—焊枪；5—变位机；6—集成式清枪装置；7—焊接电源

图 6-2　工业机器人弧焊工作站整体布局图

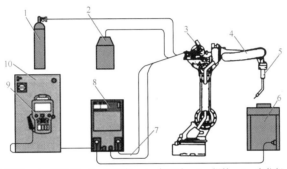

1—CO$_2$气（气瓶）；2—焊丝桶；3—送丝机；4—机器人；5—焊枪；6—变位机（工作台）；
7—供电及控制电缆；8—焊接电源；9—示教器；10—机器人控制柜

图 6-3　工业机器人弧焊系统图

1. 弧焊机器人

弧焊机器人包括机器人本体、控制柜以及示教器。下面以华数 HSR-JR608 机器人为例进行介绍，其控制柜如图 6-4 和图 6-5 所示。

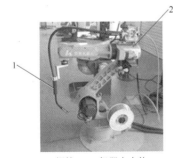

1—焊枪；2—机器人本体

图 6-4　机器人本体及焊枪

（a）内部结构

（b）外观

图 6-5　弧焊机器人控制柜

华数 HSR-JR608 机器人为六轴弧焊机器人，由驱动器、传动机构、机械手臂、关节以及内部传感器等组成。它的任务是精确地保证机械手末端执行器（焊枪）所要求的位置、姿态和运动轨迹。华数 HSR-JR608 型机器人主要参数见表 6-1。

表 6-1　华数 HSR-JR608 型机器人主要参数

机 构 形 态		垂直多关节型
自由度		6
最大可搬运质量		8 kg
重复定位精度		±0.08 mm
运动范围	J1 轴（转座回转）	±170°
	J2 轴（下臂）	+155°　−110°
	J3 轴（上臂）	+255°　−165°
	J4 轴（手腕回转）	±200°
	J5 轴（手腕摆动）	+230°　−165°
	J6 轴（手腕回转）	±360°
运动速度	J1 轴	3.44 rad/s，197°/s
	J2 轴	3.05 rad/s，175°/s
	J3 轴	3.26 rad/s，187°/s
	J4 轴	6.98 rad/s，400°/s
	J5 轴	6.98 rad/s，400°/s
	J6 轴	10.47 rad/s，600°/s
本体质量		128 kg

2. 弧焊焊接电源

弧焊焊接电源是为电弧焊提供电源的设备。机器人控制柜通过焊接指令电缆向焊接电源发出控制指令，如焊接参数（焊接电压、焊接电流）、起弧、熄弧等。NBM-500R 型焊接电源如图 6-6 所示。

NBM-R 型焊接电源的技术参数参见表 6-2。

图 6-6　NBM-500R 型焊接电源

表 6-2　NBM-R 型焊接电源的技术参数

型　号	NBM-350R	NBM-500R	NBM-630R
输入电源	3×380 V　50 Hz	3×380 V　50 Hz	3×380 V　50 Hz
额定输入容量（kVA）	14.5	23	33
焊接电流调节范围（A）	50～350	50～500	50～630
焊接电压调节范围（V）	15～32	15～39	15～44
焊丝直径（mm）	$\phi 0.8 \sim \phi 1.2$	$\phi 0.8 \sim \phi 1.6$	$\phi 0.8 \sim \phi 1.6$
送丝速度（m/min）	1.5～20	1.5～20	1.5～20
额定负载持续率（%）	100	100	100
外形尺寸（mm）	610×300×560	610×300×560	610×300×560
重量（kg）	40	45	55

3. 焊枪

焊枪将焊接电源的大电流产生的热量聚集在焊枪的终端来熔化焊丝，熔化的焊丝渗透到需要焊接的部位，冷却后，被焊接的物体牢固地连接成一体。气保焊枪有电缆外置式和电缆内藏式两种，如图 6-7 所示。本节介绍的工作站采用的是电缆外置式的焊枪。

（a）电缆外置式机器人气保焊枪　　　　（b）电缆内藏式机器人气保焊枪

图 6-7　弧焊机器人用焊枪

4. 送丝机

送丝机是焊枪自动输送焊丝装置，主要由送丝电动机、驱动轮、加压轮、送丝轮、加压螺母等组成。送丝机如图 6-8 所示。

送丝电动机通过驱动轮驱动送丝轮旋转，为送丝提供动力，加压轮将焊丝压入送丝轮上的送丝槽，增大焊丝与送丝轮的摩擦，将焊丝修整平直，平稳送出，使进入焊枪的焊丝在焊接过程中不会出现卡丝现象。

5. 焊接变位机

焊接变位机承载工件及焊接所需工装，如图 6-9 所示，主要作用是在焊接过程中实现将工件进行翻转变位，以便获得最佳的焊接位置，可缩短辅助时间，提高劳动生产率，改善焊接质量，是机器人焊接作业不可缺少的周边设备。

1—加压螺母；2—加压轮；3—送丝轮；4—送丝电动机；

5—驱动轮；6—绝缘衬垫

图 6-8　工业机器人弧焊送丝机

图 6-9　焊接变位机

6. 集成式清枪装置

工业机器人焊枪经过焊接后，内壁会积累大量的焊渣，影响焊接质量，因此需要使用集成式清枪装置定期清除。为实现焊枪的清理，需用夹紧装置将焊枪喷嘴的柱形部位夹紧。铰刀与喷嘴和焊枪几何形状实现最佳匹配，铰刀上升至喷嘴的内表面并且进行旋转，开始清枪，对喷嘴内表面黏附的焊接飞溅物进行清除。在这个过程中，应通过电缆组件利用压缩空气对喷嘴的内表面进行吹扫。这种与吹扫功能相结合的方式，可使焊枪喷嘴内的清洁效果实现最佳化。集成式清枪装置如图 6-10 所示。

焊枪喷嘴清理前后对比如图 6-11 所示。

（a）清理前　　　（b）清理后

图 6-10　集成式清枪装置　　　　图 6-11　焊枪喷嘴清理前后对比

6.2.3　工业机器人弧焊工作站的工作过程

1. 系统启动

（1）机器人控制柜主电源开关合闸，等待机器人启动完毕。
（2）打开气瓶、焊机电源、焊枪清理装置电源。
（3）在"示教模式"下选择机器人焊接程序，然后将模式开关转至"远程模式"。
（4）若系统没有报警，启动完毕。

2. 生产准备

（1）选择要焊接的工件。
（2）将工件安装在焊接台上。

3. 开始生产

按下"启动"按钮，机器人开始按照预先编制的程序与设置的焊接参数进行焊接作业。当机器人焊接完毕回到作业原点后，更换母材，开始下一个循环。

安全注意事项：
（1）工作站内严禁奔跑以防滑跌伤，严禁打闹。
（2）此套设备必须在教师指导下完成实验，不得私自操作。
（3）在工作站内不得穿拖鞋或赤脚，需穿厚实的鞋子。
（4）不得挪动、拆除防护装置和安全设施。
（5）离开工作站时，需要断掉电源。

6.3　工业机器人生产线

6.3.1　焊接机器人生产线

工业机器人生产线就是通过计算机控制，使得简单重复的工作由机械手、流水线的方式完成产品制造的过程。工业机器人生产线由多个机器人工作站、物流系统和必要的非机器人工作站组成。

焊接机器人生产线比较简单的是把多台工作站（单元）用工件输送线连接起来组成一条生产线。这种生产线仍然保持单站的特点，即每个站只能用选定的工件夹具及焊接机器人的程序来焊接预定的工件，在更改夹具及程序之前的一段时间内，这条线是不能焊其他工件的。

另一种是焊接柔性生产线。柔性生产线由多个站组成，主要体现在下列几个方面。

（1）所有焊接设备及工装夹具具有互换性、通用性，通过更换夹具即可快速实现多种产品的生产要求，更换时间不超过 10 分钟。

（2）机器人工作站具有互换性、通用性，整个焊接区有一个公用底板。

（3）工装夹具与安装支座连接标准化，水、电、气等采用标准快速连接，以适应柔性生产的要求。

（4）柔性控制。更换不同夹具时，只需要在触摸屏上选择相应的工件号即可，通过与夹具自动识别系统进行比较，如果相同，则自动调用焊接程序，如果选择错误，则报警提示。

工厂选用哪种自动化焊接生产形式，必须根据工厂的实际情况及需要而定。焊接专机适合批量大、改型慢的产品，而且工件的焊缝数量较少、较长，形状规矩（直线、圆形）的情况；焊接机器人系统一般适合中、小批量生产，被焊工件的焊缝可以短而多，形状较复杂。柔性焊接线特别适合产品品种多，每批数量又很少的情况，目前国外企业正在大力推广无（少）库存，按订单生产（JIT）的管理方式，在这种情况下采用柔性焊接线是比较合适的。

目前焊接机器人生产线被广泛用于汽车生产的冲压、焊装、涂装、总装四大生产工艺过程，其中应用最多的以弧焊、点焊为主。汽车工业的焊接发展趋势就是发展自动化柔性生产系统。轿车生产近年来大规模地使用了机器人，主要使用的是点焊机器人和弧焊机器人。如图 6-12 所示为机器人汽车焊接生产线。

图 6-12　机器人汽车焊接生产线

6.3.2 机加工自动生产线

自动生产线是由工作传送系统和控制系统将一组自动机床和辅助设备按照工艺顺序连接起来,自动完成产品全部或部分制造过程的生产系统,简称自动线。

自动生产线在无人干预的情况下按规定的程序或指令自动进行操作或控制的过程,其目标是"稳、准、快"。采用自动生产线不仅可以把人从繁重的体力劳动、部分脑力劳动以及恶劣、危险的工作环境中解放出来,而且能扩展人的器官功能,极大地提高劳动生产率,增强人类认识世界和改造世界的能力。

机床切削加工自动化过程不仅与机床本身有关,而且也与连接机床的前后生产装置有关。工业机器人能够适合所有的操作工序,能完成诸如传送、质量检验、剔除有缺陷的工件、机床上下料、更换刀具、加工操作、工件装配和堆垛等任务。

1. 工业机器人上下料工作站

上下料机器人在工业生产中一般是为数控机床服务的。数控机床的加工时间包括切削时间和辅助时间。当上下料机器人的上料精度达到一定的要求时,就可以缩减数控机床对刀,从而减少切削时间。因此,上下料机器人就是通过减少生产辅助时间和缩短对刀时间来达到提高数控机床加工效率的目的。机加工领域主要运用桁架机器人、多关节机器人来完成。

以加工电动机前端盖为例,工业机器人上下料工作站如图 6-13 所示。电动机前端盖自动加工单元以一台六自由度垂直多关节工业机器人为核心,整个加工单元采用"岛式"结构,对电极前端盖进行两次装夹、两道车工工序。机器人为三台数控机床自动上下料,配备自动料仓、离线检测系统、上位机控制系统及高精度的液压卡盘,实现了两次装夹后加工同轴度<0.015 mm,并可以对工件进行自动检测,机床自动刀补,最大程度地实现了无人化加工,操作人员只负责料仓的批量上下料及少数工件的抽查检验,每个操作人员可以同时管理 2 个加工单元共计 6 台机床。劳动强度小,加工效率高,产品质量稳定。此加工单元适宜需要两次装夹且精度要求较高的盘类零件自动加工。

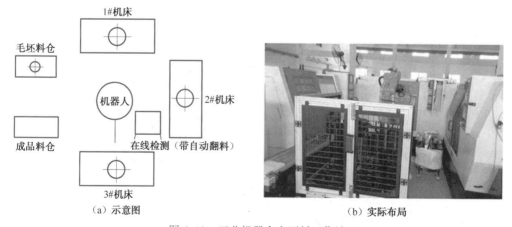

图 6-13　工业机器人上下料工作站

2. 工业机器人电动机前端盖生产线通信

总电动机前端盖生产线控系统采用 PLC+上位机模式，其中 PLC 主要负责整条生产线各功能单元的动作控制与协调，确保生产流程的顺利进行。

上位机负责各设备预设程序的管理，控制整条生产线的启动、急停、复位及关闭等，收集并记录各设备的工作参数和报警信息，监控其工作状态，统计汇总整个生产线的生产情况，包括生产周期、时间、工件总数等信息并显示在总控台的显示屏上。操作人员在总控台即可迅速全面地掌握整条生产线的工作情况，并能针对突发情况迅速采取相应措施。其生产数据记录功能可让操作者方便地调阅生产线历史生产情况，为生产管理提供第一手的参考数据。电动机前端盖生产线通信图如图 6-14 所示。

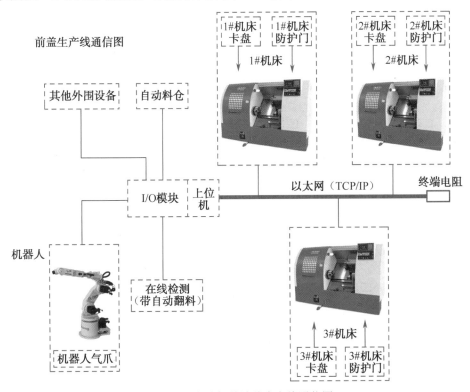

图 6-14 电动机前端盖生产线通信图

3. 工业机器人电动机前端盖生产线的检测

工件在线测量系统位于 2#、3#数控车床之间，当工件进行完第一道车工工序后，即由机器人将其放入在线检测系统，检测中间轴承孔位和带 O 形圈槽止口的尺寸精度，并将数据编号后发送给系统上位机，再由上位机反馈给对应数控车床的数控系统，数控系统根据接收到的数据进行刀具补偿，来保证下一个工件的加工精度。控制系统主界面、机床监控界面、自动料仓监控界面分别如图 6-15 至图 6-17 所示。

图 6-15　控制系统主界面

图 6-16　机床监控界面

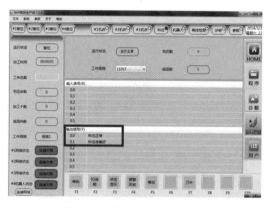

图 6-17　自动料仓监控界面

实训6　辨识工业机器人弧焊工作站设备

1. 实训内容

根据如图 6-18 所示的工业机器人弧焊工作站的配置图，指出各设备的名称及功能，并找出真实工作站对应的设备。

2. 实训目的

（1）了解工业机器人弧焊工作站的组成与特点。
（2）熟悉工业机器人弧焊工作站外围系统的作用。
（3）掌握工业机器人弧焊工作站的工作过程。

3. 实训步骤

（1）资料准备阶段。阅读弧焊工作站及工作站中的焊接电源、焊接机器人等设备的使用说明书及操作规程。
（2）根据要求完成任务，并填写任务完成报告。

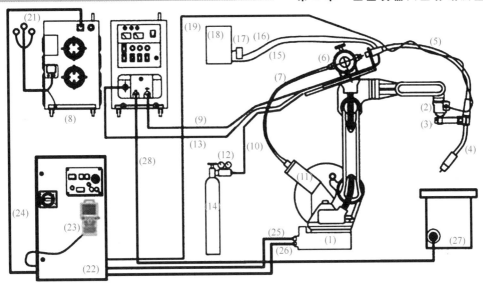

图6-18 工业机器人弧焊工作站配置图

拓展与提高8 弧焊机器人选型的依据

焊接机器人是应用最为广泛的工业机器人，要选择合适的焊接机器人，了解焊接机器人的性能显得非常重要。

选择弧焊机器人时，首先应根据焊接工件的形状和大小来选择机器人的工作范围，一般保证一次将工件上的所有焊点都焊到为准；其次考虑效率和成本，选择机器人的轴数和速度以及负载能力。

在其他情况同等的情况下，应优先选择具备内置弧焊程序的工业机器人，便于程序的编制和调试；应优先选择能够在上臂内置焊枪电缆，底部还可以内置焊接地线电缆、保护气管的工业机器人，这样在减小电缆活动空间的同时，也延长了电缆的寿命。

对于焊接机器人，还要考虑焊接用的专用技术指标。

1）可以适用的焊接方法

适用的焊接方法对弧焊机器人尤为重要。这实质上反映了机器人控制和驱动系统抗干扰的能力。一般弧焊机器人只采用熔化极气体保护焊方法，因为这些焊接方法不需要采用高频引弧起焊，机器人控制和驱动系统没有特殊的抗干扰措施。能采用钨极氩弧焊的弧焊机器人是近几年的新产品，它有一套特殊的抗干扰措施。

2）摆动功能

摆动功能关系到弧焊机器人的工艺性能。目前弧焊机器人的摆动功能差别很大，有的机器人只有固定的几种摆动方式，有的机器人只能在 $x-y$ 平面内任意设定摆动方式和参数。最佳的选择是能在空间（$x-y, z$）范围内任意设定摆动方式和参数。

3）焊接工艺故障自检和自处理功能

对于常见的焊接工艺故障，如弧焊的粘丝、断丝等，如不及时采取措施，则会发生损坏机器人和报废工件等大事故。因此，机器人必须具有检出这类故障并实时自动停车报警的功能。

4）引弧和收弧功能

焊接时引弧、收弧处特别容易产生气孔、裂纹等缺陷。为确保焊接质量，在机器人焊接中，通过示教应能设定和修改引弧和收弧参数，这是弧焊机器人必不可少的功能。

5）焊接尖端点示教功能

这是一种在焊接示教时十分有用的功能，即在焊接示教时，先示教焊缝上某一点的位置，然后调整其焊枪或焊钳姿态，在调整姿态时，原示教点的位置完全不变。

本章小结

孤立的一台机器人在生产中没有任何应用价值，只有根据作业内容、工作形式、质量和大小等工艺因素，给机器人配以相适应的辅助机械装置等周边设备，机器人才能成为实用的加工设备。将一台或多台工业机器人与相应的周边设备组成的系统称为工业机器人工作站或机器人工作单元。焊接机器人与周边设备（如变位机、清枪装置等）组成的系统就称为焊接机器人工作站，焊接机器人工作站的工位布局可采用单工位、双工位等多种形式。焊接机器人包括点焊机器人、弧焊机器人和激光焊接机器人，本章主要讲解了弧焊机器人工作站。

弧焊机器人工作站由机器人系统、焊枪、焊接电源、送丝装置、焊接变位机、保护气气瓶总成等组成。

工业机器人生产线就是通过计算机控制，使得简单重复的工作由机械手、流水线的方式完成产品制造的过程。焊接生产线有两种，一种是单一一条生产线，另一种是柔性生产线。柔性生产线由多个工作站组成，其优点是所有焊接设备、工装夹具、机器人工作站具有互换性、通用性；工装夹具与安装支座连接标准化，水、电、气等采用标准快速连接，以适应柔性生产的要求；而且能实现柔性控制，即更换不同夹具时，只需要在触摸屏上选择相应的工件号即可，通过与夹具自动识别系统进行比较，如果相同，则自动调用焊接程序，如果选择错误，则报警提示。

目前焊接机器人生产线被广泛用于汽车生产的冲压、焊装、涂装、总装四大生产工艺过程中，其中应用最多的是弧焊、点焊。

自动生产线是由工作传送系统和控制系统将一组自动机床和辅助设备按照工艺顺序连接起来，自动完成产品全部或部分制造过程的生产系统，简称自动线。

上下料机器人在工业生产中一般是为数控机床服务的。数控机床的加工时间包括切削时间和辅助时间。当上下料机器人的上料精度达到一定的要求时，就可以缩减数控机床对刀，从而减少切削时间。因此，上下料机器人就是通过减少生产辅助时间和缩短对刀时间来达到提高数控机床加工效率的目的。

思考与练习题 6

1. 填空题

（1）世界各国生产的焊接用机器人基本上都属于_____机器人，绝大部分有 6 个轴。

其中，1、2、3 轴可将末端焊接工具送到不同的空间位置，而 4、5、6 轴解决末端工具姿态的不同要求。

（2）如图 6-19 所示为_____机器人系统组成示意图。其中，编号 2 表示_____，编号 3 表示_____，编号 6 表示_____，编号 9 表示_____。

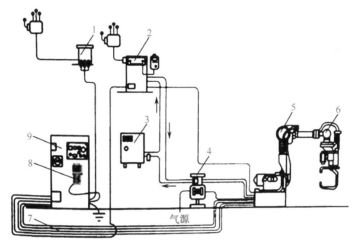

图 6-19　××机器人系统组成示意图

（3）工业机器人工作站的组成是_____。

2. 选择题

（1）通常所说的焊接机器人主要指的是（　　　　）。
　　① 点焊机器人；② 弧焊机器人；③ 等离子焊接机器人；④ 激光焊接机器人
　　A. ①②　　　　　B. ①②④　　　　　C. ①③　　　　　D. ①②③④

（2）焊接机器人的常见周边辅助设备主要有（　　　　）。
　　① 变位机；② 滑移平台；③ 清枪装置；④ 工具快换装置
　　A. ①②　　　　　B. ①②③　　　　　C. ①③　　　　　D. ①②③④

（3）工业机器人工作站的特点是（　　　　）。
　　① 技术先进；② 技术升级；③ 应用领域广泛；④ 技术综合性强
　　A. ①②　　　　　B. ①③　　　　　C. ②④　　　　　D. ①②③④

3. 简答与分析题

（1）简述工业机器人弧焊工作站的工作过程。
（2）焊接变位机在焊接系统中起什么作用？
（3）为什么工业机器人自动生产线可以提高生产效率？

第 7 章

工业机器人的管理与维护

导读

机器人在现代企业生产活动中的地位和作用十分重要，而机器人状态的好坏则直接影响机器人的效率是否得到充分发挥，从而影响企业的经济效益。因此，机器人管理、维护的主要任务之一就是保证机器人正常运转，管理维护得好，机器人发挥的效率就高，企业取得的经济效益就大，相反，再好的机器人也不会发挥作用。

马克思曾经说过："机器必须经常擦洗。这里说的是一种追加劳动，没有这种追加劳动，机器就会变得不能使用。"机器人在使用过程中，由于机器人的物质运动和化学作用，必然会产生技术状况的不断变化和难以避免的不正常现象，以及人为因素造成的耗损，例如松动、干摩擦、腐蚀等，这是机器人的隐患，如果不及时处理，会造成机器人的过早磨损，甚至形成严重事故。做好机器人的维护保养工作，及时处理随时发生的各种问题，改善机器人的运行条件，就能防患于未然，避免不应有的损失。实践证明，机器人的寿命在很大程度上取决于对机器人的管理、维护保养的程度。因此，对机器人的管理、维护保养工作必须强制进行，并严格督促检查。本章内容分为两个独立部分，分别介绍了机器人日常管理和维护的知识。

知识目标

（1）了解机器人的系统结构。
（2）熟悉机器人的主机、控制柜主要部件的工作过程及管理。
（3）掌握机器人日常检查保养维护的项目。

能力目标

（1）学会机器人的日常管理。
（2）能够对机器人进行定期保养维护。
（3）能够对机器人简单故障进行维修。

7.1　工业机器人的管理

7.1.1　工业机器人的系统安全和工作环境安全管理

在设计和布置机器人系统时，为使操作员、编程员和维修人员能得到恰当的安全防护，应按照机器人制造厂的规范进行。为确保机器人及其系统与预期的运行状态相一致，则应评价分析所有的环境条件，包括爆炸性混合物、腐蚀情况、湿度、污染、温度、电磁干扰（EMI）、射频干扰（RFI）和振动等是否符合要求，否则应采取相应的措施。

1. 机器人系统的布局

控制装置的机柜宜安装在安全防护空间外。这可使操作人员在安全防护空间外进行操作、启动机器人完成工作任务，并且在此位置上操作人员应具有开阔的视野，能观察到机器人运行情况及是否有其他人员处于安全防护空间内。若控制装置被安装在安全防护空间内，则其位置和固定方式应能满足在安全防护空间内各类人员安全性的要求。

2. 机器人的系统安全管理

（1）机器人系统的布置应避免机器人运动部件和与机器人作业无关的周围固定物体和机器人（如建筑结构件、公用设施等）之间的挤压和碰撞，应保持有足够的安全间距，一般最少为 0.5 m。但那些与机器人完成作业任务相关的机器人和装置（如物料传送装置、工作台、相关工具台、相关机床等）则不受约束。

（2）当要求由机器人系统布局来限定机器人各轴的运动范围时，应按要求来设计限定装置，并在使用时进行器件位置的正确调整和可靠固定。

在设计末端执行器时，应使其当动力源（电气、液压、气动、真空等）发生变化或动力消失时，负载不会松脱落下或发生危险（如飞出）；同时，在机器人运动时由负载和末端执行器所生成的静力和动力及力矩应不超出机器人的负载能力。机器人系统的布置应考虑操作人员进行手动作业时（如零件的上、下料）的安全防护。可通过传送装置、移动工作台、旋转式工作台、滑道推杆、气动和液压传送机构等过渡装置来实现，使手动上、下料的操作人员置身于安全防护空间之外。但这些自动移出或送进的装置不应产生新的危险。

（3）机器人系统的安全防护可采用一种或多种安全防护装置，如固定式或联锁式防护装置，包括双手控制装置、智能装置、握持-运行装置、自动停机装置、限位装置等；现场传感安全防护装置（PSSD），包括安全光幕或光屏、安全垫系统、区域扫描安全系统、单路或多路光束等。机器人系统安全防护装置的作用：

① 防止各操作阶段中与该操作无关的人员进入危险区域。

② 中断引起危险的来源。

③ 防止非预期的操作。

④ 容纳或接受由于机器人系统作业过程中可能掉落或飞出的物件。

⑤ 控制作业过程中产生的其他危险（如抑制噪声、遮挡激光和弧光、屏蔽辐射等）。

3. 机器人工作环境安全管理

根据 GB/T 15706.1—1995 的定义，安全防护装置是安全装置和防护装置的统称。安全装置是"消除或减小风险的单一装置或与防护装置联用的装置（而不是防护装置）"。例如，联锁装置、使能装置、握持-运行装置、双手操纵装置、自动停机装置、限位装置等。防护装置是"通过物体障碍方式专门用于提供防护的机器部分。根据其结构，防护装置可以是壳、罩、屏、门、封闭式防护装置等"，如图 7-1 所示。机器人安全防护装置有固定式防护装置、活动式防护装置、可调式防护装置、联锁防护装置、带防护锁的联锁防护装置及可控防护装置等。

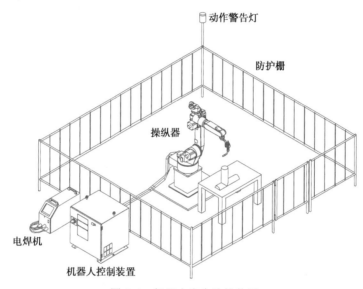

图 7-1　机器人安全防护装置

为了减小已知的危险和保护各类工作人员的安全，在设计机器人系统时，应根据机器人系统的作业任务及各阶段操作过程的需要和风险评价的结果，选择合适的安全防护装置。所选用的安全防护装置应按制造厂的说明进行使用和安装。

1）固定式防护装置

（1）通过紧固件（如螺钉、螺栓、螺母等）或通过焊接将防护装置永久固定在所需的地方。

（2）其结构能经受预定的操作力和环境产生的作用力，即应考虑结构的强度与刚度。

（3）其构造应不增加任何附加危险（如应尽量减少锐边、尖角、凸起等）。

（4）不使用工具就不能移开固定部件。

（5）隔板或栅栏底部离走道地面不大于 0.3 m，高度应不低于 1.5 m。

除通过与通道相连的联锁门或现场传感装置区域外，应能防止由别处进入安全防护空间。

注：在物料搬运机器人系统周围安装的隔板或栅栏应有足够的高度以防止任何物件由于末端夹持器松脱而飞出隔板或栅栏。

2）联锁式防护装置

（1）在机器人系统中采用联锁式防护装置时，应考虑下述原则：

① 防护装置关闭前，联锁能防止机器人系统自动操作，但防护装置的关闭应不能使机器人进入自动操作方式，而启动机器人进入自动操作应在控制板上谨慎地进行。

② 在伤害的风险消除前，具有防护锁定的联锁防护装置处于关闭和锁定状态；或当机器人系统正在工作时，防护装置被打开应给出停止或急停的指令。联锁装置起作用时，若不产生其他危险，则应能从停止位置重新启动机器人运行。

中断动力源可消除进入安全防护区之前的危险，但如动力源中断不能立即消除危险，则联锁系统中应含有防护装置的锁定或制动系统。

在进出安全防护空间的联锁门处，应考虑设有防止无意识关闭联锁门的结构或装置（如采用两组以上触点，具有磁性编码的磁性开关等）。应确保所安装的联锁装置的动作在避免了一种危险（如停止了机器人的危险运动）时，不会引起另外的危险发生（如使危险物质进入工作区）。

（2）在设计联锁系统时，也应考虑安全失效的情况，即万一某个联锁器件发生不可预见的失效时，安全功能应不受影响。若万一受影响，则机器人系统仍应保持在安全状态。

（3）在机器人系统的安全防护中经常使用现场传感装置，在设计时应遵循下述原则：

① 现场传感装置的设计和布局应能使传感装置未起作用前人员不能进入且身体各部位不能伸到限定空间内。为了防止人员从现场传感装置旁边绕过进入危险区，要求将现场传感装置与隔栏一起使用。

② 在设计和选择现场传感装置时，应考虑到其作用不受系统所处的任何环境条件（如湿度、温度、噪声、光照等）的影响。

3）安全防护空间

安全防护空间是由机器人外围的安全防护装置（如栅栏等）所组成的空间。确定安全防护空间的大小是通过风险评价来确定超出机器人限定空间而需要增加的空间。一般应考虑当机器人在作业过程中，所有人员身体的各部分应不能接触到机器人运动部件和末端执行器或工件的运动范围。

4）动力断开

（1）提供给机器人系统及外围机器人的动力源应满足由制造商的规范以及本地区的或国家的电气构成规范要求，并按标准提出的要求进行接地。

（2）在设计机器人系统时，应考虑维护和修理的需要，必须具备能与动力源断开的技术措施。断开必须做到既可见（如运行明显中断），又能通过检查断开装置操作器的位置而确认，而且能将切断装置锁定在断开位置。切断电器电源的措施应按相应的电气安全标准。机器人系统或其他相关机器人动力断开时，应不发生危险。

5）急停

机器人系统的急停电路应超越其他所有控制，使所有运动停止，并从机器人驱动器上和可能引起危险的其他能源（如外围机器人中的喷漆系统、焊接电源、运动系统、加热器等）上撤除驱动动力。

（1）每台机器人的操作站和其他能控制运动的场合都应设有易于迅速接近的急停装置。

（2）机器人系统的急停装置应如机器人控制装置一样，其按钮开关应是掌揿式或蘑菇头式，衬底为黄色的红色按钮，且要求人工复位。

（3）重新启动机器人系统运行时，应在安全防护空间外，按规定的启动步骤进行。

（4）若机器人系统中安装有两台机器人，且两台机器人的限定空间具有相互交叉的部分，则其共用的急停电路应能停止系统中两台机器人的运动。

6）远程控制

当机器人控制系统需要具有远程控制功能时，应采取有效措施防止由其他场所启动机器人运动而产生危险。

具有远程操作（如通过通信网络）的机器人系统，应设置一种装置（如键控开关），以确定在进行本地控制时，任何远程命令均不能引发危险产生。

（1）当现场传感装置已起作用时，只要不产生其他的危险，可将机器人系统从停止状态重新启动到运行状态。

（2）在恢复机器人运动时，应要求撤除传感区域的阻断，此时不应使机器人系统重新启动自动操作。

（3）应具有指示现场传感装置正在运行的指示灯，其安装位置应易于观察。可以集成在现场传感装置中，也可以是机器人控制接口的一部分。

7）警示方式

在机器人系统中，为了引起人们注意潜在危险的存在，应采取警示措施。警示措施包括栅栏或信号器件。它们是被用于识别通过上述安全防护装置没有阻止的残留风险，但警示措施不应是前面所述安全防护装置的替代品。

8）警示栅栏

为了防止人员意外进入机器人限定空间，应设置警示栅栏。

9）警示信号

为了给接近或处于危险中的人员提供可识别的视听信号，应设置和安装信号警示装置。在安全防护空间内采用可见的光信号来警告危险时，应有足够多的器件以便人们在接近安全防护空间时能看到光信号。

音响报警装置则应具有比环境噪声分贝级别更高的独特的警示声音。

10）安全生产规程

应该考虑到机器人系统寿命中的某些阶段（例如调试阶段、生产过程转换阶段、清理阶段、维护阶段），设计出完全适用的安全防护装置去防止各种危险是不可能的，且那些安全防护装置也可以被暂停。在这种状态下，应该采用相应的安全生产规程。

11）安全防护装置的复位

重建联锁门或现场传感装置区域时，其本身应不能重新启动机器人的自动操作。应要求在安全防护空间仔细地动作来重新启动机器人系统。重新启动装置的安装位置，应在安全防护空间内的人员不能够到的地方，且能观察到安全防护空间。

7.1.2 工业机器人的主机及控制柜主要部件的备件管理

1. 机器人主机的管理

机器人主机位于机器人控制柜内，是出故障较多的部分，见图 6-5 所示。

故障有串口、并口、网卡接口失灵、进不了系统、屏幕无显示等。而机器人主板是主机的关键部件，起着至关重要的作用。它集成度越来越高，维修机器人主机主板的难度也越来越大，需专业的维修技术人员借助专门的数字检测设备才能完成。机器人主机主板集成的组件和电路多而复杂，容易引起故障，其中也不乏是客户人为造成的。机器人主机研究的经验介绍如下。

（1）人为因素。

热插拔硬件非常危险，许多主板故障都是热插拔引起的，带电插拔装板卡及插头时用力不当容易造成对接口、芯片等的损害，从而导致主板损坏。

（2）内因。

随着使用机器人时间的增长，主板上的元器件就会自然老化，从而导致主板故障。

（3）环境因素。

由于操作者的保养不当，机器人主机主板上布满了灰尘，可以造成信号短路，此外，静电也常造成主板上芯片（特别是 CMOS 芯片）被击穿，引起主板故障。

因此，特别注意机器人主机的通风、防尘，减少因环境因素引起的主板故障。

2. 机器人控制柜的管理

1）控制柜的保养计划表

机器人的控制柜必须有计划的经常保养，以便其正常工作。表 7-1 为控制柜保养计划表。

表 7-1 控制柜保养计划表

保养内容	设 备	周 期	说 明
检查	控制柜	6 个月	
清洁	控制柜		
清洁	空气过滤器		
更换	空气过滤器	4000 小时/24 个月	小时表示运行时间，而月份表示实际的日历时间
更换	电池	12000 小时/36 个月	同上

2）检查控制柜

控制柜的检查方法与步骤参见表 7-2。

表7-2 控制柜的检查方法与步骤

步骤	操 作 方 法
1	检查并确定柜子里面无杂质，如果发现杂质，清除并检查柜子的衬垫和密封
2	检查柜子的密封结合处及电缆密封管的密封性，确保灰尘和杂质不会从这些地方吸入柜子里面
3	检查插头及电缆连接的地方是否松动，电缆是否有破损
4	检查空气过滤器是否干净
5	检查风扇是否正常工作

在维修控制柜或连接到控制柜上的其他单元之前，先注意以下几点。

（1）断掉控制柜的所有供电电源。

（2）控制柜或连接到控制柜的其他单元内部很多元件都对静电很敏感，如果受静电影响，有可能损坏。

（3）在操作时，一定要带上一个接地的静电防护装置，如特殊的静电手套等，有的模块或元件装了静电保护扣，用来连接保护手套，请使用它。

3）清洁控制柜

所需设备有一般清洁器具和真空吸尘器，一般清洁器具，可以用软刷蘸酒精清洁外部柜体，用真空吸尘器进行内部清洁。控制柜内部清洁方法与步骤参见表7-3。

表7-3 控制柜内部清洁方法与步骤

步骤	操 作	说 明
1	用真空吸尘器清洁柜子内部	
2	如果柜子里面装有热交换装置，需保持其清洁，这些装置通常在供电电源后面、计算机模块后、驱动单元后面	如果需要，可以先移开这些热交换装置，然后再清洁柜子

清洗柜子之前的注意事项：

（1）尽量使用上面介绍的工具清洗，否则容易造成一些额外的问题。

（2）清洁前检查保护盖或者其他保护层是否完好。

（3）在清洗前，千万不要移开任何盖子或保护装置。

（4）千万不要使用指定外的清洁用品，如压缩空气及溶剂等。

（5）千万不要使用高压的清洁器喷射。

7.2 工业机器人的维护和保养

7.2.1 控制装置及示教器

机器人控制装置及示教器的检查参见表7-4。

表 7-4 控制装置及示教器的检查

序号	检查内容	检查事项	方法及对策
1	外观	（1）机器人本体和控制装置是否干净； （2）电缆外观有无损伤； （3）通风孔是否堵塞	（1）清扫机器人本体和控制装置； （2）目测外观有无损伤，如果有应紧急处理，损坏严重时应进行更换； （3）目测通风孔是否堵塞并进行处理
2	复位急停按钮	（1）面板急停按钮是否正常； （2）示教器急停按钮是否正常； （3）外部控制复位急停按钮是否正常	开机后用手按动面板复位急停按钮，确认有无异常，损坏时进行更换
3	电源指示灯	（1）面板、示教器、外部机器、机器人本体的指示灯是否正常； （2）其他指示灯是否正常	目测各指示灯有无异常
4	冷却风扇	运转是否正常	打开控制电源，目测所有风扇运转是否正常，不正常予以更换
5	伺服驱动器	伺服驱动器是否洁净	清洁伺服驱动器
6	底座螺栓	检查有无缺少、松动	用扳手拧紧、补缺
7	盖类螺栓	检查有无缺少、松动	用扳手拧紧、补缺
8	放大器输入/输出电缆安装螺钉	（1）放大器输入/输出电缆是否连接； （2）安装螺钉是否紧固	连接放大器输入/输出电缆，并紧固安装螺钉
9	编码器电池	机器人本体内的编码器挡板上的蓄电池电压是否正常	电池没电，机器人遥控盒显示编码器复位时，按照机器人维修手册上的方法进行更换（所有机型每 2 年更换一次）
10	I/O 模块的端子导线	I/O 模块的端子导线是否连接导线	连接 I/O 模块的端子导线，并紧固螺钉
11	伺服放大器的输入/输出电压（AC、DC）	打开伺服电源，参照各机型维修手册测量伺服放大器的输入/输出电压（AC、DC）是否正常，判断基准在 ±15%范围内	建议由专业人员指导
12	开关电源的输入输出电压	打开伺服电源，参照各机型维修手册，测量各 DC 电源的输入/输出电压。输入端为单相 220 V，输出端为 DC24 V	建议由专业人员指导
13	电动机抱闸线圈打开时的电压	在电动机抱闸线圈打开时的电压判定基准为 DC24 V	建议由专业人员指导

7.2.2 机器人本体的检查

机器人本体的检查参见表 7-5。

表 7-5 机器人本体的检查

序号	检查内容	检查事项	方法及对策
1	整体外观	机器人本体外观上有无脏污、龟裂及损伤	清扫灰尘、焊接飞溅，并进行处理（用真空吸尘器、用布擦拭时使用少量酒精或清洁剂、用水清洁加入防锈剂）

续表

序号	检查内容	检查事项	方法及对策
2	机器人本体安装螺钉	（1）机器人本体所安装螺钉是否紧固； （2）焊枪本体安装螺钉、母材线、地线是否紧固	（1）紧固螺钉； （2）紧固螺钉和各零部件
3	同步皮带	检查皮带的张紧力和磨损程度	（1）皮带的扩张程度松弛进行调整； （2）损伤、磨损严重时要更换
4	伺服电动机安装螺钉	伺服电动机安装螺钉是否紧固	根据力矩紧固伺服电动机安装螺钉
5	超程开关的运转	闭合电源开关，打开各轴关，检查运转是否正常	检查机器人本体上有几个超程开关
6	原点标志	原点复位，确认原点标志是否吻合	目测原点标志是否吻合（思考：不吻合时如何进行示教修正操作？）
7	腕部	（1）伺服锁定时腕部有无松动； （2）在所有运转领域中腕部有无松动	松动时要调整锥齿轮（思考：如何调整锥齿轮松动？）
8	阻尼器	检查所有阻尼器上是否损伤，破裂或存在大于 1 mm 的印痕，检查连接螺钉是否变形	目测到任何损伤必须更换新的阻尼器，如果螺钉有变形更换连接螺钉
9	润滑油	检查齿轮箱润滑油量和清洁程度	卸下注油塞用带油嘴和集油箱的软管排出齿轮箱中的油，装好油塞，重新注油（注油的量根据排出的量而定）
10	平衡装置	检查平衡装置有无异常	卸下螺母，拆去平衡装置防护罩，抽出一点气缸检查内部平衡缸，擦干净内部目测内部环有无异常，更换任何有异常的部分，推回气缸装好防护罩并拧好螺母
11	防碰撞传感器	闭合电源开关及伺服电源，拨动焊枪使防碰撞传感器运转，紧急停止功能是否正常	防碰撞传感器损坏或不能正常工作时应进行更换
12	空转（刚性损伤）	运转各轴检查是否有刚性损伤	（思考：如何确认刚性损伤？）
13	锂电池	检查锂电池使用时间	每两年更换一次
14	电线束、谐波油（黄油）	检查在机器人本体内电线束上黄油的情况	在机器人本体内电线束上涂敷黄油，以三年为一周期更换
15	所有轴的异常振动、声音	检查所有运转中轴的异常振动和异常声音	用示教器手动操作转动各轴，不能有异常振动和声音
16	所有轴的运转区域	示教器手动操作转动各轴，检查在软限位报警时是否达到硬限位	目测是否达到硬限位，进行调节
17	所有轴与原来标志的一致性	原点复位后，检查所有轴与原来标志是否一致	用示教器手动操作转动各轴，目测所有轴与原点标志是否一致，不一致时重新检查第 6 项
18	变速箱润滑油	打开注油塞检查油位	如有漏油，用油枪根据需要补油（第一次工作隔 6 000 h 更换，以后每隔 24 000 h 更换）
19	外部导线	目测检查有无污迹，损伤	如有污迹、损伤，进行清理或更换

续表

序号	检查内容	检查事项	方法及对策
20	外露电动机	目测有无漏油	如有漏油清查并联系专业人员
21	大修	30 000 h	请联系厂家人员

7.2.3　连接电缆的检查

连接电缆的检查参见表 7-6。检查机器人连接电缆时关闭连接到机器人的所有电源、液压源、气压源，然后进入机器人工作区域进行检查。

表 7-6　连接电缆的检查

序号	检查内容	检查事项	方法及对策
1	机器人本体与伺服电动机相连的电缆	（1）接线端子的松紧程度； （2）电缆外观有无磨损和损伤	（1）用手确认松紧程度； （2）目测外观有无损伤，如果有任何磨损应及时更换
2	焊机及接口箱连的电缆	同机器人本体与伺服电动机相连的电缆	同上
3	与控制装置相连的电缆	（1）接线端子的松紧程度； （2）电缆外观（包括示教器及外部轴电缆）有无损伤	同上
4	接地线	（1）本体与控制装置间是否接地； （2）外部轴与控制装置间是否接地	目测并连接接地线
5	电缆导向装置	检查底座上的连接器，检查电缆导向装置有无损坏	如有任何磨损损坏及时更换

7.2.4　焊接电源

焊接电源的检查方法参见表 7-7。

表 7-7　焊接电源的检查

序号	检查内容	检查事项	方法及对策
1	焊接电源内部	焊接电源内部是否有脏污	清洁电源内部
2	主变压器接线，安装螺钉的松紧	主变压器接线、安装螺钉是否紧固	紧固主变压器接线，安装螺钉
3	磁性开关的接点，接线安装螺钉	磁性开关的接点是否有损坏，接线安装螺钉是否紧固	（1）确认接点，如有损坏请更换 （2）紧固接线安装螺钉
4	1 次电缆、2 次电缆接线的安装螺钉	1 次电缆、2 次电缆接线的安装螺钉是否紧固	紧固 1 次电缆、2 次电缆接线的安装螺钉
5	其他部件的接线	其他部件的接线是否紧固	紧固其他部件的接线
6	冷却风扇	闭合电源，检查冷却风扇运转状态是否正常	闭合电源，目测风扇运转状态，损坏时进行更换

7.2.5 焊机、焊枪

如图 7-2 所示为焊机实物及前后面板结构图。

面板上器件的标号及用途升级如下。

（1）电流表——指示焊接电流。

（2）电压表——指示输出电压。

（3）过流指示灯——焊机处于保护状态时亮红灯，重新开机。

（4）过温指示灯——焊机处于保护状态时亮红灯，重新开机。

（5）电源指示灯——绿灯亮指示电源正常。

（6）输出正级——连接送丝机。

（7）控制电缆插座——控制电缆连接焊机到机器人控制器。

（8）输出负级——连接焊接工件。

（9）加热器插座——连接 CO_2 气体减压流量计加热器的插座。

（10）电源开关。

（11）熔断器——主控制电源（5 A）。

（12）熔断器——送丝电源（15 A）。

（13）熔断器——加热器电源（15 A）。

（14）电源接线盒——接三相电源。

（15）保护接地端子——与大地地线连接良好。

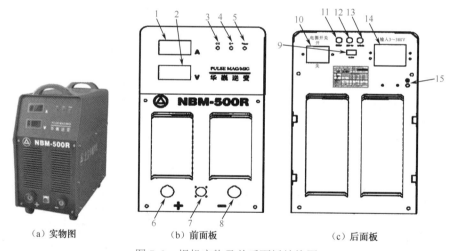

（a）实物图　　　　（b）前面板　　　　（c）后面板

图 7-2　焊机实物及前后面板结构图

焊机的检查方法参见表 7-8。

表 7-8　焊机的检查

序号	检查内容	检查事项	方法及对策
1	电源指示灯不亮	三相电网无电或空气开关损坏； 熔断器是否熔断； 指示灯发光管损坏	维修电网更换空气开关； 更换熔断器； 更换发光管（注意极性）

续表

序号	检查内容	检查事项	方法及对策
2	警告灯3、4亮	过压 欠压 缺相 过流 过热	维修三相电网电压; 建议加粗电源进线加装稳压器; 使用电流应在允许值范围内; 过流后关机重新开机; 查熔断器换10A保险管; 关机几分钟重新开机; 暂停焊接等焊机降温至正常值时再焊接
3	电源指示灯亮绿色光,但不能焊接(不产生电弧)	输出电缆线有无断线; 按下焊枪开关是否送丝; 导电嘴是否堵塞; 送丝机加压轮压力太小; 机器故障	检查输出电缆线; 检查送丝装置; 更换导电嘴; 调整送丝轮压紧度; 与厂方电话联系,换主控板
4	焊接中(电弧产生中)输出突然停止	导电嘴与焊丝是否粘连; 送丝轮是否损坏; 送丝软管受堵; 电源警告指示灯是否闪烁; 机器故障	更换导电嘴; 调换送丝轮; 清洗送丝软管; 检查电网电压是否过流、过热; 与厂方电话联系,换主控板
5	送丝电动机不能转动	熔断器坏	更换熔断器15A保险管
6	送丝轮转动但不送丝	压紧轮未压紧; 焊枪导电嘴堵塞; 焊枪电缆过于弯曲	调整压力; 清洗导电嘴或更换导电嘴; 拉直焊枪电缆
7	能送丝,但送丝速度不均匀	导电嘴与焊丝直径不匹配; 送丝轮槽与焊丝直径不匹配; 送丝轮槽有垃圾; 焊枪软管有垃圾	更换导电嘴; 调整送丝轮; 清洗送丝轮; 用压缩空气清洁软管
8	电弧不稳定	接地线和工件之间接触不良; 送丝速度不均匀	调整电流/电压配比; 将接线与工件良好接触; 调整送丝轮压紧度,清洗焊枪软管
9	飞溅过大	电弧电压过高; 喷嘴太脏	调整电弧电压; 清洗或更换喷嘴
10	焊缝有气孔	气体流量不当; 喷嘴内飞溅物太多; 环境场所风力太大; 工件或焊丝有油污; 焊接距离太长或焊枪姿势不对	调整气流量; 清理喷嘴; 采用挡风板挡风; 清除油污或脏污; 调整焊枪与焊件距离和握枪姿势
11	焊接成形不良	焊接规范不当; 焊枪移动不规则	调正焊接规范参数; 调整姿势使焊枪移动规则

焊枪的检查方法参见表7-9。

表7-9　焊枪的检查

序号	检查内容	检查事项	方法及对策
1	外观	焊枪及焊枪本体外观有无损伤	目测外观有无损伤，如果有应进行紧急处理，严重时要更换零件
2	焊枪安装螺钉、焊接地线、保护接地线的松紧	焊枪安装螺钉及焊接地线、保护接地线是否紧固	紧固焊枪安装螺钉，焊接地线、保护接地线
3	绝缘件	焊枪及焊枪本体安装部位的绝缘件及送丝电动机安装部位的绝缘件是否损坏	清扫各部位，目测绝缘件是否损坏，必要时进行更换
4	飞溅及灰尘	焊枪有无飞溅及灰尘附着	清扫飞溅灰尘

7.2.6　机器人维护常用工具

机器人维护常用工具参见表7-10。

表7-10　机器人维护常用工具

数量	工具名称	备注
1	活动扳手 8～19 mm	
1	内六角螺钉 5～17 mm	
1	外六星套筒编号：20～60	
1	套筒扳手组	
1	转矩扳手 10～100 N·m	
1	转矩扳手 75～400 N·m	
1	转矩扳手 1/2 的棘轮头	
2	外六角螺钉 M10×100	
1	外六角螺钉 M16×90	
1	插座头帽号 14，插座 40 mm 位线长 110 mm	
1	插座头帽号 14，插座 40 mm 位线长 20 mm	可缩短到 12 mm
1	插座头帽号 6，插座 40 mm 位线长 145 mm	
1	插座头帽号 6，插座 40 mm 位线长 220 mm	
1	双鼓铆钉钳	
1	塑料锤	

7.2.7　机器人日常维护及保养计划

机器人日常维护及保养计划参见表7-11。

表7-11 机器人日常维护及保养计划

序号	日检查及维护	周检查及维护	月检查及维护
1	送丝机构，包括送丝力距是否正常，送丝导管是否损坏，有无异常报警	擦洗机器人各轴	润滑机器人各轴，其中1～6轴加白色的润滑油。油号86E006
2	气体流量是否正常	检查TCP的精度	RP变位机和RTS轨道上的红色油嘴加黄油。油号86K007
3	焊枪安全保护系统是否正常（禁止关闭焊枪安全保护工作）	检查清渣油油位	RP变位机上的蓝色加油嘴加灰色的导电酯。油号86K004
4	水循环系统工作是否正常	检查机器人各轴零位是否准确	送丝轮滚针轴乘加润滑油（少量黄油即可）
5	测试TCP（建议编制一个测试程序，每班交接后运行）	清理焊机水箱后面的过滤网	清理清枪装置，加注气动马达润滑油（普通机油即可）
6		清理压缩空气进气口处的过滤网	用压缩空气清理控制柜及焊机
7		清理焊枪喷嘴处杂质，以免堵塞水循环	检查焊机水箱冷却水水位，及时补充冷却液（纯净水加少许工业酒精即可）
8		清理送丝机构，包括送丝轮，压丝轮，导丝管	完成1～7项的工作外，执行周检的所有项目
9		检查软管束及导丝软管有无破损及断裂（建议取下整个软管束用压缩空气清理）	
10		检查焊枪安全保护系统是否正常，以及外部急停按钮是否正常	

机器人的维护保养工作由操作者负责，其中人员分配如下：每次保养必须填写保养记录，设备出现故障应及时汇报给维修人员，并详细描述故障出现前设备的情况和所进行的操作，积极配合维修人员检修，以便顺利恢复生产。公司对设备保养情况将进行不定期抽查。建议操作者在每班交接时仔细检查设备完好状况，记录好各班设备运行情况。

操作者必须严格按照保养计划书保养维护好设备，严格按照操作规程操作，设备发生故障，应及时向维修人员反映设备情况，包括故障出现的时间、故障的现象，以及故障出现前操作者进行的详细操作，以便维修人员正确快速地排除故障（如实反映故障情况将有利于故障地排除）。

实训7 清洗机器人控制柜

1. 实训内容

结合实训环境与设备，按照要求在教师的带领下，清洗机器人电气控制柜。

2. 实训目的

（1）会打开机器人控制柜并进行检查其清洁程度。
（2）能够熟练地清洗控制柜中各部件并正确安装。

3. 实训步骤

（1）打开机器人控制柜。
（2）进行检查各部件，正确拆卸（正确拆卸控制柜内各部件，并逐一进行检查）。
（3）清洗控制柜各部件后正确安装。

实训 8　检查四轴齿轮箱润滑油

1. 实训内容

结合实训环境与设备，按照要求在教师的带领下，检查和补充机器人驱动系统四轴齿轮箱润滑油。

2. 实训目的

（1）会观察齿轮箱内油位的高低。
（2）会根据实际需求加油。

3. 实训步骤

（1）先阅读机器人安全信息。
（2）将如图 7-3 所示的机器人姿态进行调整，使油孔 A 垂直向上。
（3）慢慢的打开检查油孔以释放压力。
（4）打开检查油孔，检查 35 mm±3 mm 是一个正常的数值。
（5）根据实际需求加油，完成后盖上油孔。

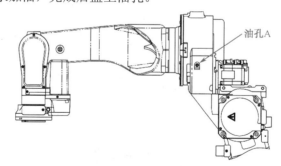

图 7-3　机器人 4 轴齿轮箱润滑油油孔 A

拓展与提高 9　桁架机器人售后异常处理办法

桁架机器人软件异常时会出现报警信息，具体处理办法，按照报警信息内的步骤操作机械手即可解除报警。根据报警信息处理办法参见表 7-12。

表 7-12　报警处理方法表

报　警　内　容	报　警　原　因	消　除　方　法
有系统或 PLC 报警	系统存在报警	请查看具体报警内容

续表

报 警 内 容	报 警 原 因	消 除 方 法
自动程序运行未恢复断点位置	所有轴的当前位置与程序暂停时的位置不一致，程序无法继续运行	停止当前程序，重新运行
通道中的伺服报警	驱动器有报警	查看驱动器报警，断电重启机械手
急停	急停按钮按下或系统存在严重报警，处于急停状态	旋起急停按钮或断电重启机械手
程序语法错	示教当前程序未加载到系统中	加载程序或重新生成程序后再加载
X 轴将超出行程正限位	程序中 X 轴将移动到正限位	请修改程序中的 X 轴位置不会超出正限位
X 轴将超出行程负限位	程序中 X 轴将移动到负限位	请修改程序中的 X 轴位置不会超出负限位
Y、Z 轴压正限位挡块	U、V 轴水平距离过近	反向移开 U、V 轴
X 轴跟踪误差过大	X 轴跟踪误差超出设定值	增大设定值或增大驱动器 PA-0 参数
X 轴超速	X 轴速度超出最大速度设定值	增大设定值或减小当前速度值
X 轴已超出行程正限位	X 轴的位置已到达正限位	手动负向移动 X 轴
X 轴已超出行程负限位	X 轴的位置已到达负限位	手动正向移动 X 轴
总线连接不正常	总线连接中断	检查总线串联

机械手治具有三种：吸具、抱具、夹具。

1. 吸具异常——吸不到产品

处理方法：

（1）模拟机械手取件方式手动取件，感受一下取件力度，查看是否超出机械手负载。若是，确定是卡扣卡死还是脱模不顺造成。然后找厂方技术人员解决上述问题。

（2）取一成品，手动操作机械手吸取产品，查看是否能够吸住产品。用手压产品感受下机械手的吸附力，若一碰产品就掉落下来，证明机械手气路存在漏气现象。

（3）折弯机械手给治具供气气路，查看真空确认信号，若有则确认机械手漏气现象为治具造成的。若无则确认机械手漏气现象为机械手本体供气故障。

（4）依次检查治具吸盘、供气线路、金具，确认漏气点，更换漏气物件即可。

（5）检查气压确认信号，若有则检查真空发生器是否异常。若无则检查进气是否正常。进气正常则证明真空阀异常，更换真空阀。进气异常，找厂方技术人员解决问题。

2. 夹、抱具异常——产品抱出无信号

处理方法：

（1）检查抱具信号输出是否正常。若正常，则机械手无异常需更换抱取点位置直至信号正常为止。否则检查电路通断，更换线路或者感应器。

（2）水平多关节机器人夹具信号输出异常：机械手夹不到产品。

① 模拟机械手取件方式手动取件，感受一下取件力度，查看是否超出机械手负载。若

是，联系厂方技术人员调整顶针位置至产品方便取出为止。否则调整取件位置，减少棒料与模具之间的摩擦直至方便取出为止。

② 无夹取信号：检查夹取信号是否正常，若是调整信号感应位置即可。否则更换信号感应器。

本章小结

工业机器人在许多生产领域得到应用，实践证明，它在提高生产自动化水平、劳动生产率、产品质量，以及改善工人劳动条件等方面，有着令人瞩目的作用，引起了世界各国社会各层人士的关注。机器人工业必将更加快速的发展和更加广泛的应用，其工作环境设计的优化和作业的柔性化以及系统的网络化管理水平也必将快速提高。从近几年世界机器人推出的产品来看，工业机器人技术正在向智能化、模块化和系统化的方向发展，其发展趋势主要为结构的模块化和可重构化；控制技术的开放化、PC 化和网络化；伺服驱动技术的数字化和分散化；多传感器融合技术的实用化等方面。基于以上机器人的发展趋势，机器人的维护技术应该同步提高与完善，这样才能与更好的使用机器人相匹配，做到使用与维护有机结合。

本章内容主要讲述了工业机器人的系统安全和工作环境安全的管理，工业机器人的主机及控制柜主要部件的备件管理，以及工业机器人的维护和保养。重点阐述如何管理机器人，和机器人的日常保养维护。从机器人的控制装置、示教器、机器人本体以及辅助装置等多方面维护保养，并制订按时间段进行的保养计划，提高机器人的使用寿命。

思考与练习题 7

1. 填空题

（1）机器人的安全管理包括_____和_____。

（2）为使操作人员安全进行操作，并且能观察到机器人运行情况及是否有其他人员处于安全防护空间内，机器人的控制装置应安装在安全防护空间_____。

（3）机器人主机主板集成的组件和电路多而复杂，容易引起故障，其中也不乏人为造成。机器人主机研究的经验有_____、_____、_____。

（4）机器人控制柜清洁时所需设备有一般清洁器具和真空吸尘器，_____可以用帕子蘸酒精水清洁外部柜体，_____进行内部清洁。

（5）机器人变速箱如有漏油，用油枪根据需要补油，除 4 轴外其余各轴变速箱润滑油第一次工作_____更换，以后每隔_____更换。

2. 选择题

（1）机器人系统安全防护装置的作用是（　　　　）。
　　① 防止各操作阶段中与该操作无关的人员进入危险区域；
　　② 中断引起危险的来源；

③ 防止非预期的操作；

④ 容纳或接受由于机器人系统作业过程中可能掉落或飞出的物件；

⑤ 控制作业过程中产生的其他危险（如抑制噪声、遮挡激光、弧光、屏蔽辐射等）

   A. ①②③　　　　　B. ①②③④⑤　　　　　C. ③④⑤　　　　　D. ①③⑤

（2）清洗机器人控制柜之前的注意事项有（　　　　）。

① 尽量使用介绍的工具清洗，否册容易造成一些额外的问题；

② 清洁前检查保护盖或者其他保护层是否完好；

③ 在清洗前，千万不要移开任何盖子或保护装置；

④ 千万不要使用指定以外的清洁用品，如压缩空气及溶剂等；

⑤ 千万不要用高压的清洁器喷射

   A. ①②③　　　　B. ③④⑤　　　　　C. ①③⑤　　　　　D. ①②③④⑤

（3）机器人日检查的项目有（　　　　）。

① 送丝机构；

② 焊枪安全保护系统；

③ 水循环系统；

④ 气体流量；

⑤ 测试 TCP

   A. ①②③　　　　　　　　　　　B. ③④⑤

   C. ①②③④⑤　　　　　　　　　D. ①③⑤

（4）机器人本体上有几个超程开关（　　　　）？

   A. 3 个　　　　　　　　　　　　B. 4 个

   C. 5～6 个　　　　　　　　　　　D. 根据机器人关节数而定

（5）进入机器人工作区域之前关闭连接到机器人的所有（　　　　）。

   A. 电源、液压源和气压源　　　　B. 电源

   C. 液压源　　　　　　　　　　　D. 气压源

3．简答与分析题

（1）如何确定皮带的损伤、磨损程度，如何确认皮带松紧程度？怎样进行调整？

（2）为什么要进行机器人的保养和维护？

（3）如果发生机器人故障是否马上通知专业服务人员处理，为什么？

参 考 文 献

[1] 林尚扬. 焊接机器人及应用[M]. 北京：机械工业出版社，2000.

[2] 带传动和链传动/《机械设计手册》编委会. 机械设计手册[M]. 北京：机械工业出版社，2007.

[3] 孟庆鑫，王晓东. 机器人技术基础[M]. 哈尔滨：哈尔滨工业大学出版社，2010.

[4] 郭洪红. 工业机器人技术[M]. 西安：西安电子科技大学出版社，2006.

[5] 孙树栋. 工业机器人技术基础[M]. 西安：西北工业大学出版社，2006.

[6] [日]雨宫好文著. 机器人控制入门[M]. 王益全，译. 北京：科学出版社，2000.

[7] 兰虎. 工业机器人技术及应用[M]. 北京：机械工业出版社，2014.

[8] 刘伟，周光涛，王玉松. 焊接机器人基本操作及应用[M]. 北京：电子工业出版社，2012.

[9] 汪励，陈小艳. 工业机器人工作站系统集成[M]. 北京：机械工业出版社，2014.

[10] 刘伟，周广涛，王玉松. 焊接机器人基本操作及应用[M]. 北京：电子工业出版社，2011.

[11] 孟庆鑫，王晓东. 机器人技术基础[M]. 哈尔滨：哈尔滨工业大学出版社，2006.